创新科技人才管理与开发

刘颖 著

中国财经出版传媒集团
经济科学出版社
Economic Science Press

图书在版编目（CIP）数据

创新科技人才管理与开发/刘颖著.—北京：经济科学出版社，2018.9
ISBN 978-7-5141-9762-4

Ⅰ.①创⋯ Ⅱ.①刘⋯ Ⅲ.①科学技术-人才管理-研究-中国②科学技术-人才资源开发-研究-中国 Ⅳ.①G316

中国版本图书馆 CIP 数据核字（2018）第 214624 号

责任编辑：殷亚红
责任校对：王苗苗
版式设计：齐　杰
责任印制：王世伟

创新科技人才管理与开发
刘　颖　著

经济科学出版社出版、发行　新华书店经销
社址：北京市海淀区阜成路甲 28 号　邮编：100142
总编部电话：010-88191217　发行部电话：010-88191522
网址：www.esp.com.cn
电子邮件：esp@esp.com.cn
天猫网店：经济科学出版社旗舰店
网址：http://jjkxcbs.tmall.com
北京季蜂印刷有限公司印装
710×1000　16 开　13 印张　160000 字
2018 年 9 月第 1 版　2018 年 9 月第 1 次印刷
ISBN 978-7-5141-9762-4　定价：39.00 元
(图书出现印装问题，本社负责调换。电话：010-88191510)
(版权所有　侵权必究　打击盗版　举报热线：010-88191661
QQ：2242791300　营销中心电话：010-88191537
电子邮箱：dbts@esp.com.cn)

作者简介

刘颖，中国人民大学公共管理学院副教授、院长助理，公共组织与人力资源研究所所长，公共政策与领导力研究中心执行主任，留美工业心理学博士。著有《团队管理》《成功管理虚拟团队》。研究领域：人才测评与开发、团队管理、领导力。曾主持过数十项科研项目，主要包括：进出口银行企业文化建设、全国科技人才十二五规划、援疆干部队伍培养、管理与开发研究、深圳市国有企业高管领导力测评、教育部机关干部队伍建设与规划、中组部人才局人才开发模式研究、房山纪委激励体系建设研究、无锡地税局十三五规划等。

前 言

这本书似乎跟近期的两件大事有关。2018年4月，美国对中兴公司断"芯"事件发生，虽然中美达成和解，中兴免于遭受灭顶之灾，但芯片之痛着实让中国深刻认识到了在高科技领域核心技术的短板和不足。2018年6月，光明日报登出《人才帽子何时不再满天飞》，着重探讨了创新人才的评价问题，使得创新在无论学术界还是实践领域，都受到空前的关注。很多人一定认为，我是为了赶时髦才写这本书，事实并非如此。我很早就开始对此书进行构想了。想写此书真正的原因有两个：第一，研究人才理论，一直就涉及到创新人才的内容，为国家社会创造出有益的创新成果是任何人才工作、人才培养的核心目标。很多人才的研究者和实践者也都在不同程度上不断追求"创新产出"这一目标。第二，作为导师，以及作为一个母亲，一直视培养出"杰出创新人才"为己任，却纠结如何培养创新人才的方法，于是做了大量的阅读、观察、思考和讨论，想法也就渐渐成熟。

在读此书前，我必须强调创新科技人才的概念。"创新科技人才"不仅包括那些有知识创造的人才，也包括有或者没有专利，却把知识转化成创新产品、服务和工艺的人才。

  本书的框架结构是依据人力资源管理的基本构成而撰写，希望此书能够让不重视创新的人从此重视起来；让不知道如何管理的领导学会管理和激励创新人才；为不断变化却没有头绪的创新人才培养工作提供更多的思路。希望此书能为国家社会的发展贡献一丝力量。

  感谢我的学生们：王嘉敏、原慰航、朱珺瑜、劭泽晓、王金花、周航、魏洋、黄写勤、陈瑜、徐聚民，你们广泛收集材料，每周与我讨论，为此书成文做出了巨大贡献。也以此书记录下来我们共同奋斗的一段美好日子。

刘　颖
2018年9月，于中国人民大学

目　录

第一章　创新科技人才概论 ·· 1

　　第一节　人才的定义 ··· 2
　　第二节　人才概念的发展 ··· 3
　　第三节　创新科技人才的界定及特点 ······································· 6
　　　　一、科技人才 ··· 6
　　　　二、创新科技人才 ··· 6
　　　　三、创新科技人才的特点 ··· 7
　　第四节　创新行为的动因 ··· 7
　　本章小结 ··· 8

第二章　创新科技人才评价 ·· 10

　　第一节　概念界定 ··· 10
　　　　一、按评价目的和用途划分 ··· 11
　　　　二、按评价技术与手段划分 ··· 12
　　第二节　理论基础 ··· 15
　　　　一、经典理论 ··· 15
　　　　二、评价模型 ··· 30

1

第三节　创新科技人才评价的现状与问题 ·················· 33
　　一、国内现状 ······································· 33
　　二、问题分析 ······································· 35
第四节　创新科技人才评价的对策与建议 ·················· 38
　　一、准入前评价 ····································· 39
　　二、准入后评价 ····································· 40
本章小结 ··· 43

第三章　创新科技人才激励 ······························· 44

第一节　概念界定 ······································· 44
第二节　理论基础 ······································· 45
　　一、重点理论模型 ··································· 45
　　二、国内外研究综述 ································· 46
　　三、本文提出的理论模型 ····························· 49
第三节　创新科技人才激励的现状与问题 ·················· 51
　　一、我国创新科技人才激励的进展 ····················· 51
　　二、我国创新科技人才激励存在的问题及问题分析 ······· 52
第四节　创新科技人才激励的对策与建议 ·················· 55
　　一、灌输团队意识 ··································· 55
　　二、支持个体创造与提升 ····························· 56
　　三、非经济刺激、社会关注和认可 ····················· 57
　　四、领导者匹配的激励手段 ··························· 58
本章小结 ··· 59

第四章　创新科技人才早期培育 ··························· 60

第一节　概念界定 ······································· 60

第二节　理论基础 …… 61
一、经典理论 …… 61
二、理论模型 …… 64

第三节　国内外创新科技人才早期培育现状分析 …… 65
一、国外创新科技人才早期培育的进展 …… 65
二、我国创新科技人才早期培育现状 …… 68

第四节　我国创新科技人才早期培育存在的问题 …… 71
一、缺乏支持性环境 …… 71
二、缺少有价值和有意义的学习任务 …… 73
三、学生对自己的能力缺乏自信 …… 75

第五节　创新科技人才早期培育的对策与建议 …… 76
一、营造支持性环境 …… 76
二、创建有价值、有意义的任务 …… 77
三、促使学生相信自己具备取得成功的能力和可塑性技能 …… 78

本章小结 …… 78

第五章　创新科技人才培训与开发 …… 80

第一节　概念界定 …… 80

第二节　理论基础 …… 81
一、经典理论 …… 81
二、创新科技人才培养与开发的研究综述 …… 81

第三节　创新科技人才培养与开发的现状与问题 …… 84
一、创新科技人才培养与开发的现状 …… 84
二、创新科技人才培养与开发存在的问题 …… 91

第四节　创新科技人才培养与开发的对策和建议 …… 93

一、创新科技人才培养与开发的内容 …………………………… 93
　　二、分层次创新科技人才培养体系 …………………………… 97
　本章小结 ………………………………………………………………… 102

第六章　创新科技人才职业发展 …………………………………… 104

　第一节　概念界定 ……………………………………………………… 104
　第二节　理论基础 ……………………………………………………… 105
　　一、经典理论 ………………………………………………………… 105
　　二、理论模型 ………………………………………………………… 108
　　三、国内外相关研究综述 …………………………………………… 111
　第三节　国内创新科技人才职业发展的现状与问题 ………………… 114
　　一、缺乏创新科技人才职业发展管理平台 ………………………… 114
　　二、创新科技人才职业发展通道不通畅 …………………………… 115
　　三、"官本位"思想影响创新科技人才的发展 …………………… 116
　第四节　国内创新科技人才职业发展的对策与建议 ………………… 117
　　一、构建创新科技人才职业发展管理平台 ………………………… 117
　　二、建立科学合理的创新科技人才职业发展双通道 ……………… 118
　　三、促进跨专业、跨组织和跨部门人才流动 ……………………… 119
　　四、营造良好人才发展社会氛围 …………………………………… 119
　本章小结 ………………………………………………………………… 120

第七章　科研创新团队建设 …………………………………………… 121

　第一节　概念界定 ……………………………………………………… 121
　第二节　理论基础 ……………………………………………………… 122
　　一、经典理论 ………………………………………………………… 122

二、国内外研究现状……………………………………………… 123
第三节　科研创新团队建设的现状与问题…………………………… 125
　　一、我国科研创新团队构建的进展现状………………………… 125
　　二、我国科研创新团队构建存在的问题………………………… 127
　　三、我国科研创新团队存在问题的分析………………………… 129
第四节　科研创新团队构建的对策与建议…………………………… 132
　　一、宏观层面……………………………………………………… 132
　　二、中观层面……………………………………………………… 135
　　三、微观层面……………………………………………………… 138
本章小结………………………………………………………………… 140

第八章　科研创新团队领导……………………………………… 142

第一节　概念界定……………………………………………………… 142
　　一、创新科技人才………………………………………………… 142
　　二、科研创新团队………………………………………………… 143
　　三、科研创新团队领导…………………………………………… 144
第二节　理论基础……………………………………………………… 145
　　一、经典理论……………………………………………………… 145
　　二、最新研究综述………………………………………………… 150
　　三、本书理论模型………………………………………………… 156
第三节　国内外科研创新团队发展现状与问题……………………… 157
　　一、国内外科研创新团队的发展………………………………… 157
　　二、我国科研创新团队领导存在的问题………………………… 157
第四节　对策与建议…………………………………………………… 159
　　一、宏观层面……………………………………………………… 159
　　二、微观层面……………………………………………………… 160

本章小结 ……………………………………………………… 163

第九章　科研创新团队激励 …………………………………… 164

第一节　概念界定 ……………………………………… 164
第二节　理论基础 ……………………………………… 166
一、内容激励理论 …………………………………… 166
二、过程激励理论 …………………………………… 168
三、行为后果理论 …………………………………… 169
四、综合激励理论 …………………………………… 170
第三节　我国科研创新团队激励的现状与问题 ………… 170
一、现有的职称评审和科研制度不够完善 ………… 170
二、物质激励与精神激励不能有效地结合起来 …… 171
三、对科技人员工作本身的激励单一 ……………… 172
四、没有建立公平与差异相统一的激励机制 ……… 172
五、没有很好地将团队激励与个人激励相统一 …… 173
第四节　对策与建议 …………………………………… 173
一、完善现有的科研激励制度 ……………………… 173
二、强化工作本身的激励作用 ……………………… 175
三、建立公平与差异相统一的激励机制 …………… 175
本章小结 ……………………………………………………… 176

参考文献 ……………………………………………………… 178
后记 …………………………………………………………… 196

第一章 创新科技人才概论

当今世界，国际竞争的实质是以经济和科技实力为基础的综合国力的较量，科技创新是一个国家发展的最重要保障。综合国力的较量归根结底是人才的竞争，因而科技人才成为实现国家创新驱动的第一战略资源。但我国科技人才在创新能力、科技知识转化等方面与欧美国家还有一定差距，数据表明，我国只有3位科技人才入选100名世界一流科学家，在全世界排名是第18位，不仅低于美国很多，也低于印度，而且我国的科研投入产出比还较低。这源于我国科技人才管理、激励与开发制度的不完善。习总书记曾多次在重要会议中提到：要发挥人才评价的"指挥棒"作用。因此，有效促进科技人才资本效用最大化，建立符合创新驱动导向的科技人才评价体系迫在眉睫。

尽管到目前为止，科学的人才观已经在全社会形成了一定共识。各类人才政策、工程、项目得到了实施，并逐渐产生效用。然而高层次创新型人才仍然匮乏，人才创新创业能力不强。各类组织很希望能尽力置身于国家经济发展与建设之中，但苦于缺乏创新开拓型人才，特别是具有原创研发能力的创新科技人才。只有科学合理地认识人才开发不同阶段的特点、重点和难点，依照个体成才的规律，制定合理的创新科技人才开发政策，才能保证人才辈出，促进整个国家形成具有国际竞争力的人才体系。

第一节 人才的定义

对人才的具体概念和应该包括的范围，国内的讨论一直处于一个较为模糊的状态，对人才定义的争论也比较多[①]。一些观点认为人才对应的人群应该很狭窄，只包括了劳动者中的佼佼者，那些作出了突出贡献的人群；另一些观点认为应该树立人人皆可成才的意识，人才的范围包括的人群应该很宽泛，所有为社会主义事业作出贡献的人都应该算作人才。如"人才，是在认识与改革自然界、认识与改造社会的实践中，用自己的创造性劳动，为社会和人类的进步作出较大贡献的人"；又如"人才，是指那些具有良好的内在素质，能够在一定条件下通过努力不断地取得创造性劳动成果，对社会的进步和发展产生较大影响的人"；再如"人才，是指那些具有较高内在素质，在一定条件下进行具有创造性特征的劳动，为人的全面发展和社会进步作出了一定贡献的人。"

2003年《中共中央、国务院关于进一步加强人才工作的决定》指出，"只要具有一定的知识或技能，能够进行创造性劳动，为推动社会主义物质文明、政治文明、精神文明建设，在建设中国特色社会主义伟大事业中作出贡献，都是党和国家需要的人才。"也认为，"党政人才、企业经营管理人才和专业技术人才是我国人才队伍的主体"[②]。这为新世纪我国的人才事业，确立了一个宏观的人才观。

2010年6月公布的《国家中长期人才发展规划纲要（2010～2020

---

① 张家建. 人才定义理论的历史发展与现代思考. 人才开发, 2008（2）：7-9.
② 中共中央、国务院关于进一步加强人才工作的决定. 人民日报海外版, 2004（1）.

年)》认为,"人才是指具有一定的专业知识或专门技能,进行创造性劳动并对社会作出贡献的人,是人力资源中能力和素质较高的劳动者"[①]。并指出"人才是我国经济社会发展的第一资源。"不仅如此,该纲要还将人才队伍区分为党政人才、企业经营管理人才、专业技术人才、高技能人才、农村实用人才、社会工作人才等六类。

可以看出,经过人才学的长期发展,经过改革开放以来对人才作用的重视和强调,对人才的定义已经渐趋科学。

第二节 人才概念的发展

我国对人才管理和开发的讨论,早于国外的研究和实践。国外对于人才管理的探究起源于20世纪后期[②],是在经济全球化和信息技术、网络经济发展的情况下,组织面临着更多的外部不确定性,人才竞争越来越激烈。著名咨询公司麦肯锡于1997年提出"人才战争",使得实践领域开始专注人才管理[③],而人才管理领域的学术研究要落后于管理实践[④],因此在同行评阅的相关学术期刊中,人才管理的研究比较少,近几年才开始见到一些相关文章的发表。因此一些学者认为,当前对人才管理的研究还处于比较基础的阶段,很多理论甚至关于人才的定义,还存在很大的争议。现有的研究也大多是对概念的讨论和理解,具有科学

---

① 中共中央、国务院. 国家中长期人才发展规划纲要(2010~2020年). 中国政府网,http://www.gov.cn.

② 刘昕. 人力资源管理. 北京:中国人民大学出版社,2012.

③ Michaels, E., Handfield-Jones, H., & Axelrod, B. The war for talent: Harvard Business Press, 2001.

④ Lewis, R. E., & Heckman, R. J. Talent management: A critical review. Human Resource Management Review, 2006, 16 (2): 139-154.

性的、实证性的研究还比较少①。人才的管理和开发在国外学界处于萌芽时期，目前已经有了一些研究的成果，但对人才的定义、人才开发与管理所应该包含的议题、人才开发的目的、形式、工具等还存在着不少的争论。

对于人才的定义，国外的研究一般是从组织经营管理，人力资源管理的角度进行探讨，但是缺乏一个公认的人才定义。

首先，一部分学者基于"社会交换理论"对人才管理进行定义，突出强调对高层管理岗位和能够在组织内作出突出贡献的岗位进行管理②。基于这个角度，人才就是能够在组织内做出较大贡献的高层管理者和特殊贡献的关键岗位上的工作人员。这一观点强调的是人才对组织的贡献，以及组织内不同职位的重要程度。这种"差异化"的观点区别了人才和人力资源，是当前国外战略性人力资源管理发展的一个新方向，也就是强调对不同的群体和组织内不同的流程采用不同的管理方式③。这种管理方法，将组织内的成员按照贡献的大小进行分类管理，具有一定科学性和合理性，与我国的分类人才观念具有互通性。然而，如果过于强调不同职位之间的区别，过于强调组织内管理方式的区别，则有可能破坏组织内的公平氛围，导致难以建立统一的组织文化。因而，如何在管理方式的同一性和区别性方面进行平衡，目前还是研究的一个难点。

其次，基于麦肯锡公司"人才战争"理念，人才被界定为能够为组织贡献力量，具有较强的稀缺性资源。不同组织之间、行业之

---

① Iles, P., Preece, D., &Chuai, X. Talent management as a management fashion in HRD: Towards a research agenda. Human Resource Development International, 2010, 13 (2): 125 – 145.

② Cappelli, P. Talent on demand: Managing talent in an age of uncertainty: Harvard Business Press Boston, MA, 2008.

③ Lepak, D. P., & Snell, S. A. The human resource architecture: Toward a theory of human capital allocation and development. Academy of Management Review, 1999, 24 (1): 31 – 48.

间，甚至国家之间进行人才资源的争夺，是影响组织成败的一个重要因素[1]。在这里，人才变成了对组织发展具有重要作用的一种稀缺性资源。对人才的争夺表现为组织间的竞争，人才会在组织间来回流动，这一观点忽视了从整个社会系统的角度对全社会人才资源的开发。而我国的人才概念更为宏观，更多是从社会统筹发展的角度，从政府宏观政策的角度考虑综合性、系统性的社会发展问题。

再次，国外文献在对人才进行定义时，一般会对人才做出层次上的划分，即将组织内的人员划分为 A 类、B 类和 C 类人员，并认为人才管理应该属于对 A 类和 B 类人员的管理，特别是对 A 类人员的管理。一般来讲，国外的人才定义，不仅是指那些在组织中最优秀的、已经表现出卓越绩效的少数员工，同时也包括了那些构成员工队伍大多数的、有能力且绩效稳定的员工。这两种员工分别被定义为 A 类和 B 类员工，是人才管理的对象或者说客体[2]。在这里，对人才进行分类强调的是 A 类人才在组织中发挥的作用，也强调了 B 类人才对 A 类人才发挥作用时的支持和配合。在我国的人才组织内管理实践中，也存在着人才分层管理的现象，对人才进行分类分层开发，形成一个所谓人才开发的"塔形结构"[3]，强调人才队伍的协调发展，是人才系统性开发的一个重要基础。在这个考虑的基础上，本书既注重对国外人才管理的研究成果和实践经验的借鉴，也注重对我国的独特人才环境的理解。

---

[1] Somaya, D., & Williamson, I. O. Rethinking the "War for Talent". MIT Sloan Management Review, 2008, 49 (4): 29 - 34.
[2] 刘昕. 人力资源管理. 北京: 中国人民大学出版社, 2012.
[3] 王佳宁. 人才开发的几个关键环节. 红旗文稿, 2004.

第三节 创新科技人才的界定及特点

一、科技人才

科技人才的概念始于1987年出版的《人才学词典》。随着科技的不断发展，科技人才管理日益受到重视，《国家中长期科技人才发展规划纲要（2010～2020年）》对"科技人才"进行了重新界定：即具有一定的专业知识或专门技能，从事创造性科学技术活动，并对科学技术事业及经济社会发展作出贡献的劳动者。学术界对于科技人才尚没有统一的定义，这个概念在国外也较少被提及。本书将"科技人才"定义为：在自然科学、工程与技术科学、医药科学、农业科学、社会科学、人文科学与交叉科学等领域对知识创造、传播与应用方面作出一定贡献的人才。根据其研究领域划分为以下几类：基础研究型、应用研究型和实践型；根据其所处层次划分为：青年科技人才、一般创新科技人才和高层次科技人才。

二、创新科技人才

关于创新科技人才的定义，目前学术和实践领域都没有达成共识。国外的学者在探讨人才的创新性时，强调智商、动机、性格等因素所形成的创新能力或者创新潜力，重点关注创新思维和创新人格。我国的学者大多是从创新意识、创新精神、创新能力等角度来定义创新人才。科技部"我国高层次创新科技人才队伍建设战略研究"组认为，需要根据科技创新活动的特点，以品德、知识、能力和业绩作为衡量创新科技人才的主要标准。

本书结合国内外对科技人才创新潜力、创新过程的探索,提出,创新科技人才是指从事科技工作,具备高智商、高创造力、高创新意识,并具有相关领域专业知识,能够通过发现式学习、系统思考孕育出原创的新观点,并能付诸实施,取得新成果的个体。基于以上定义,创新科技人才至少包含以下四个要点:(1)具有专门的知识和技能;(2)从事科学和技术工作;(3)同时具有集中和发散性的思维结构;(4)对科学技术发展和社会进步做出较大贡献。

三、创新科技人才的特点

创新科技人才区别于其他类型人才的基本特点主要包括:(1)具有探索精神。科学研究的主要任务在于揭示客观存在的科学真相,发现事物运动、运行的规律,科技工作也是探索未知领域的过程,因此科技人才必须具有持之以恒地对科学真相的探索精神。(2)高创造力。具有高智商和创造性思维,能够在分析判断时,形成整合性思考,具备在科学探索过程中发现和发明新事物、新规律的能力。(3)适合创新的性格。创新科技人才首先需要思想开放,能够尽快吸收其他人的思想和建议,其次具有很强的创新意识,对于科技创新工作有着持之以恒的兴趣和不屈不挠的执着与承诺。

第四节 创新行为的动因

国内外学者主要从两个角度提出了影响创新行为的要素:个体内生资源的角度、所处外部资源的角度。从内生资源角度,实证研究提出个体的认知能力、人格特质、兴趣、动机都会影响创新行为和结果（Bozeman & Dietz, 1999; Baer, 2015），智商与创造力两个概念尽管密切相关，却完全不同。因此，认知能力例如思考的方式和风格、创造力对于人才的创新潜力有着同样的影响作用，二者兼具才能产生创新科研成果。不断有学者强调，相关领域知识对于创新有非常大的影响，另外，研究方法的培训经验、构建和管理科研团队的能力也显著影响创新行为和结果（Kaufman, 2010; Silvia, 2015）。

大量研究证明了外部环境对创新行为的影响作用（George & Brief, 1992; Isen, 1999）。例如，个体情绪对于其认知能力和创新动机有很大影响：个体既需要紧迫感，也需要信任、开放的创新环境（Oldham, 2003）。研究指出，当个体面临时间压力时，创新会受到阻碍（Amabile, 1996），进一步的研究发现，创新目标的设立可以减少困难绩效目标所带来的负面影响（Shalley, 1991）；创新科技人才评价若涵盖培养开发的内容，将既有助于促进创新行为的形成，也有助于促进创新知识传播（Shalley & Perry – Smith, 2001）。

综上所述，当前对于影响创新科技人才所涉及的个体特征、创新过程和创新成果都有不同角度的研究。但是无论从哪个角度，都尚未形成涵盖了创新科技管理与开发的整体管理体系。本书就是致力于全面地探索创新科技人才的选拔、评价、培养、开发、激励等内容，并进一步探索科技创新团队的构建与有效管理方法。

本 章 小 结

目前，人才定义的争论较多。国外对人才定义研究主要有"社会交换理论"、麦肯锡公司"人才战争"理念、人才层次划分的理论。科技人才是指在自然科学、医药科学、社会科学、人文科学与交叉科学等领域对知识创造、传播与应用方面作出一定贡献的人才。科技人才类型可按照研究领域、层次划分。创新科技人才是指从事科技工作，具备高智商、高创造力、高创新意识，并具有相关领域专业知识，能够通过发现式学习、系统思考孕育出原创的新观点，并能付诸实施，取得新成果的个体。创新科技人才三个特点包括：具有探索精神、高创造力、适合创新的性格。国内外学者从个体内生资源的角度以及所处外部资源两个角度，来进行创新动因的分析。

第二章 创新科技人才评价

随着经济全球化时代的到来,我国将在更大范围、更大领域和更高层次上参与国际经济技术合作和竞争。我国要与国际接轨,无论是产业国际化还是人民币国际化,落到关键处是人才国际化。为了给创新科技人才创造良好的环境,从国家和地方制定了许多相应的支持政策,应该说从效果上给推动创新发展注入了强大的动力。面对如此庞大的人才大潮,特别是通过"千人计划"等引进的高层次科技创新人才,如何更好地对他们进行评价,激发他们更大的潜力是一个值得人力资源领域研究的重要课题。

第一节 概念界定

创新科技人才评价是科技人才识别、发现、培养、管理以及重要科学家和科技创新团队培养、重点人才工程推进的基础(赵伟,2012)。因此,构建创新科技人才评价体系是落实国家创新人才推进计划、建立有效的科技人才管理制度的重要基础性工作。

所谓评价本质上是对价值的反映,是衡量和评估对象对人有什么意义和价值的活动。创新科技人才评价就是要建立科学合理的内容与标准、程序与方法，采用适合的组织方式，通过提取分析创新科技人才的人力资本特征要素，研究创新科技人才的本质与特点、类型与结构，以促进创新科技人才评价工作的可行性、可靠性、合理性和科学性。

创新科技人才评价的类型有多种划分，不同的划分有不同的标准体系，不同的标准体系有不同的目的和用途。

一、按评价目的和用途划分

按评价的目的和用途划分，可以划分为岗位配置性评价、招聘选拔性评价、培训开发性评价、考核鉴定性评价，见表 2-1。

表 2-1　　　　　　　基于不同目的用途的评价方法

评价方法	岗位配置性评价	招聘选拔性评价	培训开发性评价	考核鉴定性评价
评价标准	岗位职责作为参考依据	招聘选拔要求作为参考依据	以人才培养、开发目标为依据	采用通用、普遍接受的标准
适用情况	科研团队建设及岗位竞聘	人员招聘选拔过程	科技人才资源开发、人才培训及选择培训对象	各类优秀人才队伍建设和专业技术人才资格评审
评价内容	与评价目的相联系的基本信息与业绩信息、科研成就与活动过程信息、社会评价信息			

资料来源：封铁英. 科技人才评价现状与评价方法的选择和创新. 科研管理，2007，28（增刊）：30-34.

二、按评价技术与手段划分

按评价技术与手段划分，可以划分为同行评议法、经济分析法、科学计量法、人才测评法、综合评价法，见表2-2。

表2-2　　　　　　　基于不同技术手段的评价方法

评价方法	性质	优点	缺点	应用及发展
同行评议法	定性	深度评价创新科技人才，与评价一些指标的定性关系一致	跨学科、跨专业等评价难以把握；容易产生"非共识"现象；主观性较强	应用广泛；在专家评议水平、同行指标量化、评议工作绩效等方面进行改进
经济分析法	定量	综合考虑了投入产出和成本效益因素	投入、产出难以细分；知识、技能等难以量化	有一定局限，主要应用经济性指标评价；DEA在排序和定量科研评价中的应用
科学计量法	定量	有明确的定量指标，不受个人主观因素干扰	在个人和小型团体评价中具有较大局限性；容易产生急功近利思想和其他学术道德问题	应用广泛；与其他评价方法进行结合
人才测评法	定性&定量	考虑了创新科技人才的道德、价值观、人格等隐性因素；定性指标定量化	相关研究较少，测评的有效性和应用性有待检验；国外成数量表和测评理论的本土化较低	应用处于起步和探索阶段；综合应用和本土化；与银子分析、聚类分析等统计方法的结合应用

续表

评价方法	性质	优点	缺点	应用及发展
综合评价法	定性&定量	定性与定量相结合；多目标和多层次综合评价；适应实际情况	方法的有效性和应用性有待检验；实践中有着较大的局限，如模糊综合评价需要专家有着一致的理解等	应用有一定局限，仍处于检验和探索阶段；在评价相关研究中发展很快，多种综合评价方法的结合

资料来源：李思宏，罗瑾琏等．科技人才评价维度与方法进展．科学管理研究，2017（2）：76-79．

英美等发达国家在创新科技人才评价方面的研究比较早，实践经验也很丰富。在人才测评上，以绩效为导向，在人才培养上，经历了"通才型"和"专业型"的阶段（王继承，2001），现在也出现了综合素质如人格、智力、气质、价值观及发展潜能的测评。近些年，国内也纷纷开始建立了创新科技人才的评价指标体系。刘泽双和薛惠锋（2006）建立了包括创新人才的数量和质量2个一级指标，管理创新人才数量、技术创新人才数量、科技成果数量、科技成果等级4个二级指标的创新人才开发绩效测度指标。胡季英（2005）利用二次相对评价模型研究了企业技术创新绩效，并在基于人的有效努力程度和能力的基础上提出了相应的评价指标体系。

金盛华等（2010）在对创新科技人才效标群体研究中，在对科学创造者心理特征的分析中，从26个特征描述指标中，提取了23个指标分成五个主成分：综合性动机、问题导向的知识结构、自主牵引性格、开放深刻的思维与研究风格、强基础智力，然而从指标名称上来看，部分指标的内容有重合部分，如"有理想抱负"与"积极进取""洞察力"与"发现问题的能力"。

孙瑞华等（2000）利用 Delphi 法，建立了一套以科研基础和科研成绩为主要考察方面，由 12 项指标构成的二级结构的医师科研绩效评估指标体系。程惠东（1998）利用 AHP 法对创新科技人才综合评价进行了初步的探索，建立了以 AHP 方法为基础的创新科技人才评价模型。陈永光（2003）从卫生人才的个人工作经历、教育背景、技术背景、专业能力、专业成就、工作业绩、执业安全、职业道德、身体素质和心理素质等角度制定了相应的指标，用以评价医学人才在不同发展阶段的综合素质。贺德方（2006）针对创新科技人才评价的动态性特点，利用知识管理的思想构建创新科技人才评价体系，以知识管理的高级形态知识网络的理论为基础，以一个正在开发建设中的创新科技人才评价数据信息资源平台为案例，对创新科技人才评价模式进行了分析。该模式为创新科技人才的动态评价及网络化管理提供了可参考方案。另外，熵值法、灰色关联度分析法、主成分分析法、变异系数法等在各类型人才评价指标体系中也有所采用。

魏发辰和颜吾佴（2008）基于创新活动的性质以及创新科技人才的能力构成提出了评价创新科技人才的 10 个参量，从人才评价的角度反映了创新科技人才的人力资本特征：（1）创新科技人才往往在创新活动中具有超常的绩效；（2）创新科技人才往往将创新作为实现个人价值的主要途径；（3）针对同一个事物创新科技人才往往能够从不同于他人的角度去观察；（4）针对同一事物创新科技人才往往能够在看似没有问题处提出问题；（5）针对同一问题创新科技人才往往能够在常人未想之时提出设想；（6）创新科技人才往往具有对新事物的好奇心和对环境变化的敏感性；（7）创新科技人才一般都善于求异思维，具有丰富的想象力；（8）创新科技人才一般都比较善于联想和类比；（9）创新科技人才一般都非常尊重科学规律但绝不墨守成规；（10）创新科技人才一般都富于挑战精神和坚强的毅力。和学新和张利钧（2007）

等人认为，创新科技人才的标准包括内在和外在两个方面，内在标准包括：创新意识、创新精神、创新能力；外在标准包括：创新行为、创新成果。

罗科（Roco，1993）研究在生物医学领域做出突出创造的多位国外专家时发现，对创造力有影响的人格因素包括：智力、求知欲、创造性想象、灵活性、观察能力、职业热情和坚持性。

张景焕和金盛华（2007）还通过对高创造力群体反身认知的研究分析了创造者与普通人群心理特征的差别。研究发现，对科学创造者而言，"成就取向"比"内心体验取向"更重要，"主动进取"是创造的主要的重要特征，对科学创造具有特殊意义。张景焕等（2009）还分析了创造者的成长过程及其影响因素，在对34个样本的10个指标的研究中，提取了3个主成分，分别是：早期促进经验、研究指引和支持、关键发展阶段指引。

第二节　理 论 基 础

一、经典理论

20世纪30年代初，梅奥创立了人群关系论，标志着行为科学的诞生。行为科学理论经过半世纪的发展，成为现代人才评价的主要参考理论。斯潘塞（Spencer，1993）提出包含动机、特质、自我概念特征、知识和技能5种类型的胜任力模型。

赵伟等（2013）提出了由创新知识、创新技能、影响力、创新能力、创新动力、管理能力六大要素构成创新科技人才评价的冰山模型。[①] 同

[①] 赵伟，林芬芬，彭洁等. 创新科技人才评价理论模型的构建. 科技管理研究，2012（24）：131-135.

时，将这一模型与个体创新行为理论中的个体创新行为过程建立映射关系，确定创新行为各阶段过程的产生。

（一）人才特征

创新科技人才是指那些具备优良品质、突出才智、坚强意志，具有强烈的创新意识和创新精神，熟悉创新原理，掌握创新方法，在各种社会实践活动中能以自己的创新性思维和创新性劳动做出创新性成果的人。创新科技人才具有独创性，富于直觉感；创新科技人才能在想象、幻想与对现实的感觉间灵活转换；创新科技人才既传统又反叛，既对自身工作充满热情，又能在判断时保持客观性。创新能力是指人利用已知信息创造出具有社会价值的新理论或新产品的能力。创新能力是各种能力的综合反映，创新能力较强的人才，一般应具有以下基本素质。

1. 合理的知识结构

一切科学的新进展都是建立在已有知识的基础之上。在某一学科或专业方面具有创新能力与创新精神的人才，必须具有与该学科或专业相对应的合理知识结构，具有扎实的基础理论知识、深厚的文化底蕴、精深的专业知识、广泛的邻近学科知识，以及和本专业有关的新的前沿性知识。只有这样才能容易发现新问题，提出新见解，从而顺利地开展创新活动。

2. 创造性思维

创造性思维是人脑对客观事物进行有价值的求新探索而获得独创成果的思维过程，是人类思维的最高形式。其形式很多，主要包括复合性思维、发散性思维、类比思维、辩证思维、直觉思维和灵感思维等。具有创造性思维的人，首先表现在其平时的思维活动就经常显示出积极的求异性及敏锐的洞察力。他们关注客观事物的差异性、特殊性，思考问题往往采取反向思维，常以有准备的头脑去观察事物，思考感兴趣的问题。同时，这种人还善于进行创造性想象，运用创造性的想象来填补空缺的事实，引导思维的进展，然后再进一步汇集事实，检验和修正这种臆测想象，找出真正的客观规律。

3. 技能素质

一个人要实现自己的创新性设想，需要运用某些工具把自己的设想表示出来，并通过实践活动使设想变成现实。人的行为能力是以实践活动为主体的，创造性活动是智能、知识和实践三者相互作用的综合结果。在将"知识"转化为"创造力"，再把"创造力"转化为"创新现实"的物化劳动过程中，每一环节都离不开"实践"，实践是创新的桥梁。一个人若想为社会提供有价值的新观念、新理论、新设计、新产品，不仅要有知识作为基础，而且要有经过严格训练的基本技能和很强的实践能力。

4. 心理素质

创新性的事业总是和崇高的目的联系在一起。有了崇高的目的才可能有强烈的事业心、求知欲望和创新欲望。创新者必须具有百折不挠的坚毅精神。因为，任何创新从开始到成功，最后得到社会承认，是一个漫长的过程，其中可能要经过多次挫折。创新人才需具有健全的人格和良好的心理素质。在挫折面前能很快调整自我心态，在任何不利条件下，都不动摇自己的信念。以坚强的毅力来战胜这些挫折，勇往直前，是一个人具有创新精神的重要表现。一个人如果有了良好的心理品质，敢于联想、敢于怀疑、敢于批判、敢于冒险、敢于猜测，才能在创新实践中不断总结经验，不断完善，不断积累，从中受益。

（二）胜任力素质

胜任力模型是指担任某一特定的任务角色所需具备胜任力因素的集合。对于胜任力模型研究最具代表性的是麦克科兰德（Mc Clelland）的模型，该模型把胜任力类型分为基准性胜任力和鉴别性胜任力。基准性胜任力是指较容易通过教育、培训来发展的知识和技能，是对任职者的基本要求；鉴别性胜任力则是指在短期内较难改变和发展的特质、动机、自我概念、态度、价值观等高绩效者在职位上获得成功所必须具备的条件，是能够将绩效平平者与绩效优异者区分开的胜任特征。斯潘塞（Spencer）提出了胜任力的"冰山模型"，该模型将胜任力分为知识、技能等外显的胜任因子以及包括自我概念、特质、动机等内隐的胜任因子。斯潘塞（Spencer）还根据行为事件访谈法结合多年的研究积累提出了14项通用的管理者胜任力特征，包括影响力、成就欲、团队协作、分析性思维、主动性、发展他人、自信、指挥、信息寻求、团队领导、概念性思维、权限意识、公关、技术专长。

素质这一概念由美国哈佛大学的心理学教授戴维·麦克兰德于20世纪70年代初最先提出。1973年，戴维·麦克兰德在发表于《美国心理学家》杂志上的"测试素质而非智力"（*Testing for Competence Rather Than Intelligence*）论文中，通过把工作绩效突出者的行为特征与工作绩效一般者进行比较分析，论述了若干与单个人工作绩效相关的个人特征，并把直接影响工作绩效的个人特征称为素质（competence）。此后，其他学者以此为基础提出了素质模型理论。如美国学者博亚特兹的"素质洋葱模型"理论认为，人的素质由内至外分别为个性、动机、自我形象、价值观、社会角色、态度、知识、技能等构成部分；莱尔·M·斯潘塞和塞尼·M·斯潘塞等人提出的"素质冰山模型"理论，形象地把素质结构描述为漂浮在海洋中的冰山：知识和技能是属于裸露在水面上的表层部分，它们是对任职者基础素质的要求，也称为基准素质（threshold competence），可以通过学习和培训而获得，容易被测量和观察，但人们难以凭借基准素质把绩效优秀者与绩效平平者区别开来，隐藏在水面之下的内驱力、社会动机、个性、品质、自我形象、价值观、态度、社会角色等属于鉴别素质（differentiating competence），它们是区分绩效优秀者与绩效平平者的关键素质要素。素质及素质模型理论的提出为人们衡量和发掘某类特定职业群体应具备的通用素质体系提供了一个有效的工具。

（三）国外创新科技人才识别维度

1. 思维特征

创新科技人才的思维活动与特征是创新科技人才识别维度的重要方面。其中，知识储备（knowledge or expertise）则强调了创新科技人才的知识背景及知识素养。知识储备更为强调专业知识的学习与积累，正所谓"术业有专攻"，专业知识的积累能够使创新科技人才在其专业领域实现新的突破，获得新的成果。Weisburg等（2000）也表明，通过经验、学习得到的知识或专业知识，影响人们在面对新颖问题时找到多样的、原创的解决方法的能力。知识的储备，来源于学习，也来自经验总结，对于创新科技人才来说，其所在领域的知识积累是其获得创新成果的基础。换句话来说，创新科技人才总是具备一定的知识基础，这对于创新科技人才的创新想法与创新行为尤为重要。因此，知识储备是创新科技人才的重要识别维度之一。观点新颖（novel ideas）是创新科技人才必备的素质特征，也是其显著的识别维度。观点新颖，强调观点的新颖性，"novel"有新奇的、异常的之义，这里译作新颖的，以体现创新科技人才观点的新而卓著。新颖的观点体现了创新科技人才思维的活跃与灵活，也体现了其对事物的联想力与创造力。Leon E. Trachtman（1975）提出创新科技人才的视野总是高出任务本身的范围，高于任务的执行；他们能够创设新的条件，以发展新颖的、独特的关系，来创造无法预期的、出人意料的事物。观点新颖表现了创新科技人才思维方式的特征，新颖的观点是创新科技人才思维特征的重要辨识维度。创新科技人才拥有更为广阔的视野与观察力，更为丰富、开阔的联想力，能够超越事物本身，产生新的、不拘泥于常理的新想法、新观点。观点新颖亦是创新科技人才识别的有效维度。创新科技人才的创新性亦体现在原创性（originality）上，原创性体现了创新科技人才观点或其行为的史无前例，或者史上罕见、稀有的特性。原创性意味着创新科技人才想法的新颖，而这种新颖更大程度上是与现存事物或其他人思想并不相同之"新"，唯其个人所创，并无借鉴和模仿。创新科技人才的原创性的思维特征，也来源于创新本身的定义对于原创性的要求。创新，即体现了原创，原创是创新最大限度的实现。原创性作为创新的重要组成要素，正如 Torrance（1964）所言，作为创新的组成要素，原创性体现了想法的罕见或者不寻常。创新科技人才一直致力于原创性的实现，这种原创性的实现，不仅是创新科技人才创新思想最大限度的放大，更是对社会发展进程，甚至是人类文明进程的一次有力推动。而原创性，从其作为思维特征以及其所体现的部分结果导向性来看，是对于创新科技人才的重要识别维度及其观点和行为成果的评价指标。

2. 人格特质

创新科技人才识别维度也表现在个性特质层面上，创新科技人才有其较为鲜明的个性特质。非传统（unconventionality），即非常规性，强调创新科技人才敢于打破常规，突破传统的个性特质，这是创新科技人才的核心特征，这种个性特质是创新科技人才最为显著的识别维度。创新科技人才的职业群体可以是科学家、音乐家、画家、作家等，但是并不仅限于此。任何职业的人都有可能成为创新科技人才，而其成为创新科技人才的前提是其自身敢于打破常规的人格特质，也就是我们常说的个性特征。一个不服从于现状的人，是最有可能成为创新科技人才的。正如 Leonard M. S. Yong（1994）提出，为了打破限制创新的传统思想束缚，创新科技人才必须敢于突破传统。Vidar Schei（2013）也指出，简单来说，创新科技人才拥有产生许多不同的、独特的想法或其替代物的能力。创新科技人才因为勇于挑战传统，所以能够突破传统，超越现实，激发新的思想，为创新提供可能。由此可以看出，非传统可以说是创新科技人才创新过程的基础与开端，只有敢于突破常规、挑战主流，才能产生不同的、独特的观点和想法，这是一切创新的源泉。非传统作为创新科技人才的基本个性特征，与创新科技人才的其他特征密切相关，是创新科技人才的关键识别维度。自信（self-confidence）也是创新科技人才较为鲜明的个性体现，创新科技人才多表现为强烈的自信心。自信心是任何人成功的必要条件，而在创新科技人才身上表现得尤为明显。自信心对于创新具有很强的推动作用。Mumford（2000）提出自信心使得创新科技人才相信自己异于常规、看似大胆的想法能够付诸实践，并改进现实状况。同时，自信心也能够使创新科技人才克服创新过程中的诸多困难，坚持自己的想法，最终获得成功。而通过艰辛的过程获得成果则进一步加强了创新科技人才的自信心。自信心作为创新科技人才显著的性格特征，也是创新科技人才实现创新的心理素质要求，亦是创新科技人才的重要识别维度。

3. 行为特征

结果导向（result-oriented）体现了创新科技人才对于结果或目标实现的强烈关注，或者说是对于产生创新成果、改造现实的强烈的主观动机。因为发现问题，创新科技人才致力于产生解决问题的创新活动，这种自发动机能够极大激励创新科技人才的创新活动的最终成功。建设性（construction）更强调了创新科技人才观点或行为的结果导向及现实意义。创新科技人才的观点可以是建设性的，其观点所带来的现实产物也可以是建设性的。建设性强调的是对现实的影响，或是在现实中有所建树。创新科技人才的创新观点的最终目标是影响现有状况或现存事物，从而影响现实，推动现实的进步与发展。N. A. Dunaeva 和 B. F. Milevskii

(1965)描述了创新科技人才对工业生产进步的建设性意义。由于创新科技人才的开发与建设,Cherepovets冶金厂已连续两年位居全俄冶金厂的第一位。罗斯(Rose,2006)也提出,创新更倾向于文字、音乐、绘画或科学理论的产出。建设性体现了创新科技人才的结果导向,这种结果可以是抽象的,如理论、公式,也可以是具体的,如器物、作品。建设性也体现了创新科技人才的现实价值及重要性,是识别创新科技人才的重要维度,亦可为其明确有效的评价指标。Runco(2004)也表明,创新科技人才的创新对于许多不同的领域都是主要的或者必不可少的,比如其在教育或科学上的重要性就如同其对经济与工业的重要性一样。

4. 社会环境

社会环境既体现在对创新科技人才的影响,也体现在对创新科技人才识别的影响。社会环境影响了创新科技人才的思维特征、个性特征、行为特征的形成,也影响了对处于不同社会环境中的创新科技人才的识别。大到不同国家、地区,小到不同的社区、学校,创新科技人才的识别维度的组合也不尽相同。上述的识别维度虽然是被提取出的指标,具有典型性,但在实际中并非同时全部表现在某一具体的创新科技人才的个体上,而是受社会环境的影响往往其中某一或某几个维度在某一具体个体上更为鲜明。

(四) 关于创新科技人才体系的研究

1. 六要素体系模型

关于创新科技人才特征的研究,可以分为实证研究和非实证研究。王广民和林泽炎(2008)通过调查问卷等实证研究方法,调研了我国创新科技人才和高技术人才的素质特征,发现高创造力和创造精神、较强的学习能力、技术能力、团队合作精神以及良好的环境适应能力是这些创新科技人才共有的特征。其他研究者也在调研基础上提出了创新科技人才应具备的素质特征。王思思（2007）提出健康的身体、创新思维、崇高的理想等必备素质；王路璐（2010）从不同角度研究了企业创新科技人才特征，包括积极的人生态度、创新意识、综合的知识结构、独立性等素质特征；王养成和赵飞娟（2010）提出了基于情商、智商和逆境商的四维度创新科技人才素质模型，其中核心素质包括自主学习能力、创新实践能力、资源掌控能力、自我认知能力、人际关系能力、创新意识、自我实现需要和良好的身体素质。2006年，胡锦涛在两院院士会议上的讲话中提出，创新科技人才应该具有以下主要素质和品格：一是具有高尚的人生理想；二是具有追求真理的志向和勇气；三是具有严谨的科学思维能力；四是具有扎实的专业基础、广阔的国际视野、敏锐的专业洞察力；五是具有强烈的团结协作精神。我国创新科技人才所具备的特征可以分为3类，分别为心理行为特征、知识技能特征和工作特征。进一步对不同类型的科技人才特征进行分析发现，3类创新科技人才既具有共性特征，也具有个性特征（赵伟，2013），见表2-3。

表2-3　　　　　　　　不同类型创新人才的特征

类别	共性特征			个性特征		
	心理行为特征	知识技能特征	工作特征	心理行为特征	知识技能特征	工作特征
基础研究类人才				具有强烈的科研兴趣和科研责任，对科研事业具有较强的奉献精神	具有扎实的专业知识和技能，能够及时发现新问题，新热点	工作产出对生活生产往往没有较大的直接作用，但有很强的溢出效应

续表

类别	共性特征			个性特征		
	心理行为特征	知识技能特征	工作特征	心理行为特征	知识技能特征	工作特征
工程技术类人才	具有创新精神	具有良好的创新思维能力和学习能力；高度的自我管理和自我激励能力	具有较强的团队适应、协调和组织能力	具有良好的道德品质、专业精神和职业精神	具有"T"形知识结构和良好的知识储备；具有实践经验；有组织、计划、控制、决策能力	成果可能形成显著的经济和社会效益
创新创业类人才				具有强烈的好奇心和竞争意识	具有较宽的知识面、良好决策和管理能力，以及创业和研发产品的经验	形成显著经济和社会效益

资料来源：赵伟，包献华，屈宝强等．创新科技人才分类评价指标体系的构建．科技进步与对策，2013（16）：113-117.

参考 Spencer 提出的包含动机、特质、自我概念特征、知识和技能 5 种类型的胜任力模型，结合已有人才评价指标体系的研究成果，同时综合创新科技人才成长的基本特征以及创新科技人才成长的影响因素（包括家庭环境、教育环境、工作环境和社会环境）等，并开展了广泛的专家咨询。赵伟、包献华等（2013）提出了创新科技人才评价冰山模型，主要包括以下六大要素：创新知识、创新技能、影响力、创新能力、创新动力、管理能力，见表 2-4。

表 2–4　　　　　　　创新人才评价六大要素和考察点

要素	考察点
创新知识	重点针对人才产出的知识成果
创新技能	重点从拥有的知识产权状况，以及知识产权的实际应用转化效果的角度进行评价
影响力	从其学术影响力角度反映
创新能力	与生理有关的因素，包括是否具有善于终生学习的能力和排除疑难的能力等。期望评价对象能够预见科学发展的深度和宽度，并能够发现和解决实际科研活动中所遇到的问题
创新动力	与心理的方向性、倾向性有关的因素，如兴趣导向、自由感和控制感、社会价值观等
管理能力	与社会能力有关的要素，如制定和推进研究计划的能力、研究团队的组织和协调能力、研究资源的调配能力等

资料来源：赵伟，包献华，屈宝强等. 创新科技人才分类评价指标体系的构建. 科技进步与对策，2013（16）：113–117.

其中，创新知识、创新技能和影响力为海平面以上的基础性因子，创新能力、创新动力和管理能力为海平面以下的鉴别性因子。上述六大要素构成了创新人才的基本素质，同时与个体创新行为理论中提出的个体创新行为过程（问题认知——提出思想——寻求支持——开发模型——形成产品）形成良好的映射关系，决定了创新行为各阶段过程的产生，如图 2–1 所示。

2. 四要素族模型

科技创新活动是一种探索未知、开辟新领域的复杂过程，具有异常的曲折性、可变性、隐蔽性、开放性、不确定性和艰难性，这一特征决

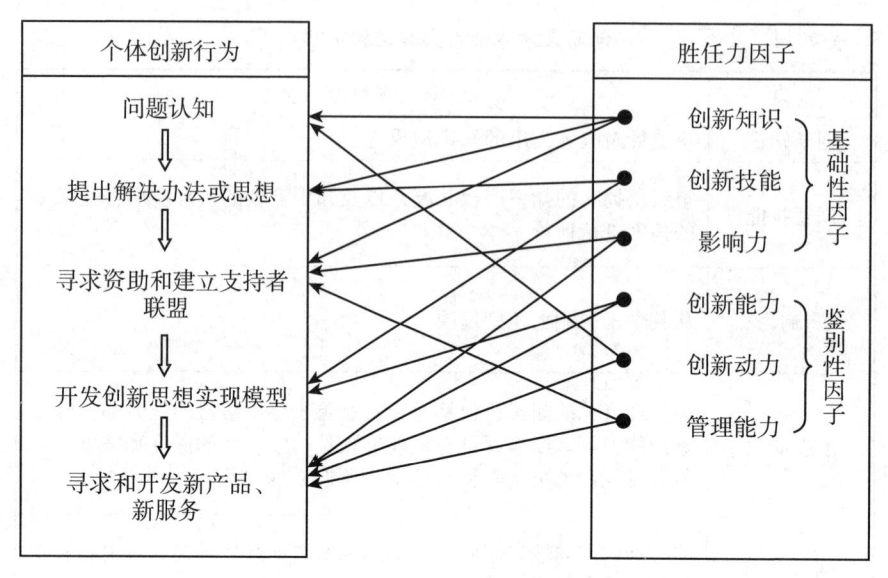

图 2－1　创新科技人才素质要素与创新行为过程的映射

资料来源：赵伟，林芬芬，彭洁等．创新科技人才评价理论模型的构建．科技管理研究，2012（24）：131－135.

定了科技创新主体的素质构成必然是一个复杂的系统，其中既涉及创新主体所掌握的知识、技能等表象的素质要素，又与其个性、品质等隐性的素质要素具有密不可分的关系（廖志豪，2010）。

模型中的各素质模块既具有各自相对独立的创新功能，又形成相互联系、相互支持的有机整体，在主体的科技创新实践活动中作为一个完整系统中的要素协同发生作用，如图 2－2 所示。（1）知识要素族。科技创新需要充分的知识作为支撑，知识要素族是形成创造力的前提，也是创新活动的"源头之水"。没有深厚的知识功底与合理的知识结构，就难以在既定知识体系的基础上对其进行转化和重新整合而形成新的、有利于创新发生的知识体系。（2）思维要素族。思维素质是与创新密切相关的核心素质。它是科技人才在创新实践过程中，通过选择、突破和重新建构已有的知识、经验和信息，以新的认知模式把握事物发展的内在本质和规律而运用的多种思维方式所构成的体系。创新思维是复杂的高级思维过程，是多种思维有机结合的产物，不同的思维方式既相互排斥又相互补充，在不同的创造性思维活动中，又总是以某种思维为主导而进行。（3）个性要素族。个性要素是科技创新型人才的创新精神和创新意识的集中体现，是推进创新进程的动力之源。（4）能力要素族。能力要素与思维要素、人格要素密切相关，在一定意义上可以说是思维要素、人格要素的外化和体现。能力要素在实现科技创新过程中发挥重要的机制作用。

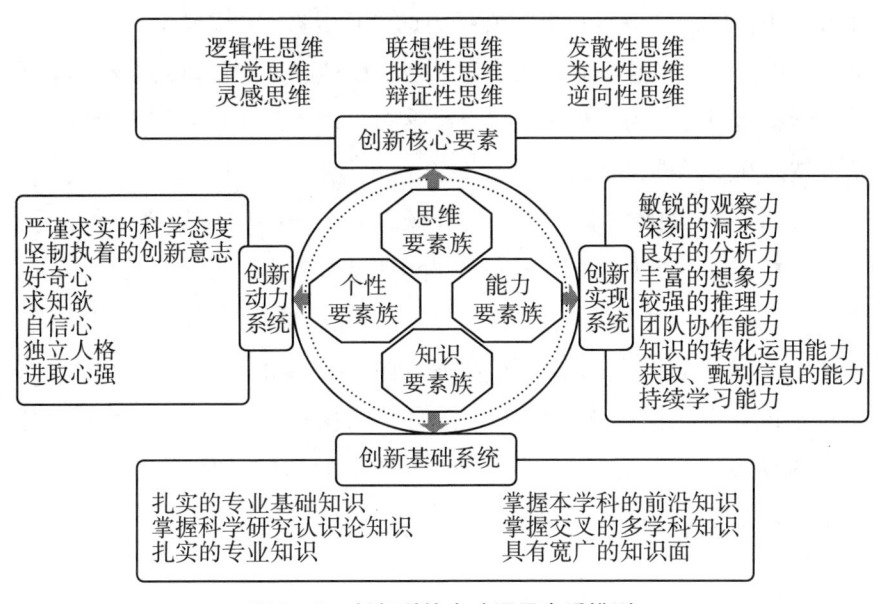

图 2-2 创新科技人才通用素质模型

资料来源：廖志豪. 创新科技人才素质模型构建研究——基于对 87 名创新科技人才的实证研究. 科技进步与对策，2010，27（17）：149-152.

模型主要反映创新科技人才的通用素质构成体系，而忽略了不同学科、不同专业创新科技人才之间的具体素质差异以及特殊素质要求。同时，模型的构建主要是从创新主体的角度来考察个人素质在科技创新中的作用，而暂时忽略了制度、环境等非主体因素对科技创新的影响。

3. "CSKA"模型

何建文等（2010）借鉴 Spencer 的胜任力"冰山"模型，在创新科技人才素质要素相关理论的基础上，尝试将创新科技人才胜任力构成要素分成创新意识（innovative consciousness）、创新精神（innovative spirit）、创新知识（innovative knowledge）和创新技能（innovative ability）四大板块，称为创新科技人才胜任力的"CSKA"构成要素。其中，创新意识可分为个人意识和氛围意识，创新精神可分为创新人格和创新品质，创新知识可分为知识水平、经验感知与教育背景，创新技能可分为基本技能和实际操作技能，如图 2-3 所示。

与 Spencer 的冰山模型中以自我概念、个人特质为基础相似的是，创新科技人才的"CSKA"构成要素中以创新意识为最重要的要素，它是创新科技人才发展的基础，决定了创新科技人才的知识层面、精神层面和技能层面的形成与发挥；同时，知识、精神与技能也对创新意识具有正面的强化作用。它们共同构成了创新科技人才胜任力的内在要素，并通过对创新绩效所产生的影响，体现它们与创新科技人才之间的内在构成关系。

4. 结合日韩评价的体系指标

中国的科研创新能力评价体系始于 1985 年，1991 年在 UNESCO 和 OECD 等有关科技指标的基础上建成了一个完整的体系，但主要是通过分别统计和分析各个指标。主体是研发投资、研发人员和科技论文指标，和国外相比，整个体系单一，战略主旨性不强。日本从 1953 年实行

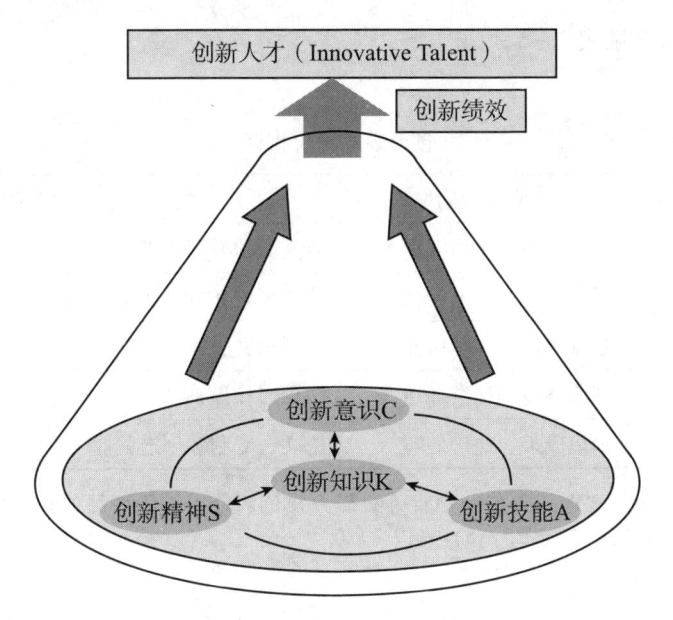

图 2-3　创新人才评价模型

资料来源：何建文. 创新科技人才胜任力构成要素的实证研究. 科技管理研究，2011（2）：145-150.

科学技术调查制度，后来参考 OECD 的科技指标体系，推出《日本科学技术指标白皮书》，涵盖 11 个方面，包含上百个指标，标志着日本科技指标体系的成熟。论文数、论文被引用次数、技术出口数、专利数目、工业品附加值、高技术制品附加值等都是日本科研成果评价体系包含的重要部分。韩国从 1963 年开始统计科研数据，到 20 世纪 90 年代，韩国开始实行创新型国家战略，并于 1996 年加入 OECD，在国家创新体系中建立了新的评价体系，由五大类、80 多个指标组成。相比日本，韩国在科研创新能力评价体系建立方面起步得晚，但却发展迅速，尤其在中小企业的科研创新方面有更为全面的评价体系。在综合了中日韩科研创新绩效评价指标的基础上，范赟等提出了一个较为全面的创新绩效评价指标，见表 2-5。

表 2-5　　　　　　　　　创新绩效评价指标

分类	项目指标	个别指标	测定变量
创新资源	人力资源、知识资源	研究员的教育水准	8
创新活动	研发投资、技术转化	分类投资和技术实业化	10
创新过程	企业协作、国际协作	共同论文、成果、投资	7
创新环境	制度环境、社会环境	知识产权保护	8
创新成果	知识成果、经济效益	论文、专利和创造就业	12

资料来源：范赟，刘俊. 中日韩科研人员创新能力与创新绩效评价比较研究 [J]. 科学管理研究，2015（6）：117-120.

二、评价模型

综合上面介绍的胜任素质模型理论、人群关系理论和个体创新行为理论，结合国内外创新科技人才评价体系的已有研究，本书提出如下的创新科技人才发展的评价体系。

评价主要涉及创新科技人才的能力与动力两个层面，主要包括以下七个要素：认知能力、创造力、专业知识、创新技术、团队合作能力、人格特质和价值观。其中专业知识、创新技术与团队合作能力三个要素易于开展客观的量化评价，属于对创新科技人才基础能力的评价；认知能力和创造力两要素相较于基础能力更为深层，侧重在创新人才的心理因素的潜力和对创新的内在认知能力上，它们区分创新科技人才的核心要素；人格特质和价值观两要素和上述五个要素相比，更重在评价测量创新科技人才的创新动力，表现为个人内心层面对于创新行为的追求，更重在对创新驱动要素的衡量与评价，如图 2-4

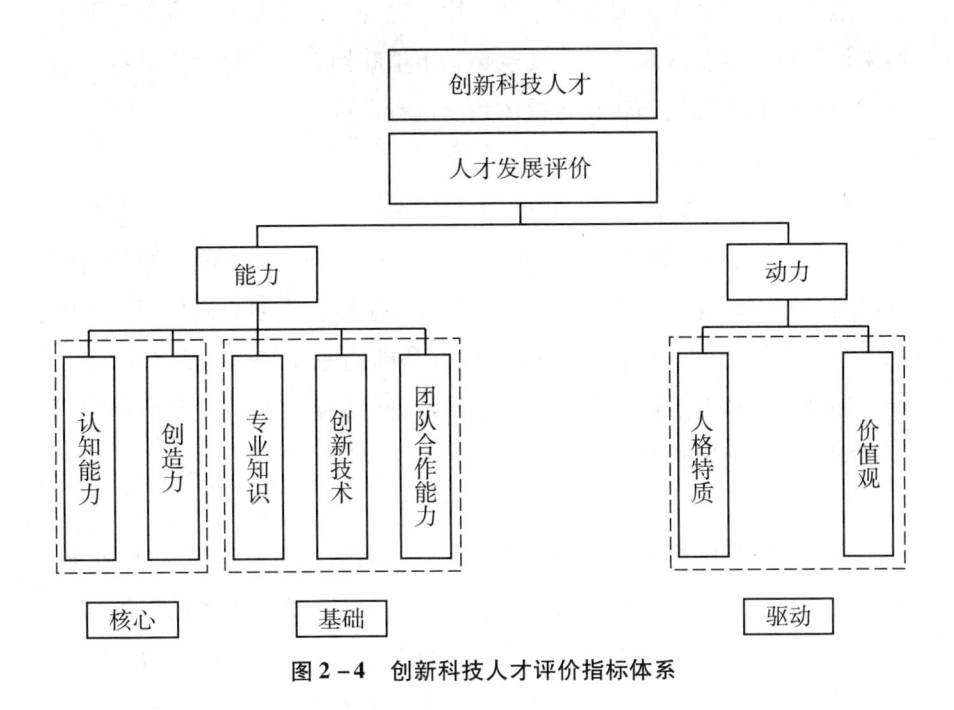

所示。

图 2-4 创新科技人才评价指标体系

（一）评价指标的类型

1. 专业知识

这里的专业知识，更多的是"知识"能够有效地以物化的形式展现或表达的类型，难以用语言描述或者表达的知识不予讨论，即书面文字、图形或数学公式等。

面向不同类型的创新科技人才，专业知识指被人们所理解、吸收并以文字、数字等来表达的客观且形式化的知识，为从事科研工作所具备的基础专业知识。主要可以利用包括发表论文、出版著作、承担或参与科研项目等方面进行评价。

31

2. 创新技术

这里的创新技术主要是指个体运用一定的知识技能和已有的实践经验来运用技术创新的能力，主要从包括申请和拥有专利等知识产权，以及知识产权的实际应用转化效果的角度进行评价。

3. 团队合作能力

现实中创新科技人才并不是一个孤军奋战的个体，往往是一群有着共同科研目标、知识和技术技能互补的、科研任务分工明确的愿意为实现科研目标而相互承担责任的创新科技人才组成一个创新科技团队。因此，一个合格的创新科技人才除了拥有基础的专业知识与创新技术之外，还必须能够有效地与团队中其他成员进行沟通、协调，共同制定研究计划、推进研究进展、调配研究资源等。

4. 认知能力

多元的思维结构可以使思维的灵活性、有效性和整合性大大加强，是创新科技人才进行科技创新的核心素质。在创新科技人才的思维结构中，认知能力可以使主体观察自我思维的状况并自觉地对其进行调节，可以通过对认知结构、认知心理的测度来改善思维，修正独特性，从而形成整合思维的机制，激发个体的创新潜力。

5. 创造力

创造力，一种综合性的特有本领。指产生新思想，发现和创造新事物的能力，完成某种创造性活动所必需的心理品质。由知识、智力、能力及优良的个性品质等复杂多因素综合优化构成。是否具有创造力，是评价创新科技人才的重要标志例如创造新概念、新理论，更新技术，发明新设备、新方法等都是创造力的表现。

6. 人格特质

创新科技人才的个性特征中包含着诸多优良的品格，这些个性品格构成创新意识和创新精神形成的基本元素，是创新素质的"内在自然倾向性"动力。如强烈的好奇心和求知欲，促使创新主体去观察、探索新奇事物；质疑意识和批判精神使创新主体不迷信权威，勇于标新立异而避免盲从；坚忍不拔的意志和自信心使创新主体无畏地面对一切艰难险阻。这些优良的人格特质往往是进行科技创新活动的动力之源。

7. 价值观

价值观是基于人的一定的思维感官之上而作出的认知、理解、判断或抉择，也就是人认定事物、辨定是非的一种思维或取向，从而体现出人、事、物一定的价值或作用。不同职业人群的价值观也有所不同，即人生目标和人生态度在职业选择方面的具体表现，也就是一个人对职业的认识和态度以及他对职业目标的追求和向往。

创新科技人才的价值观决定了他们对其职业的期望，影响着其对职业方向和职业目标的抉择，决定着工作态度和劳动绩效水平，从而决定了职业发展情况。

第三节 创新科技人才评价的现状与问题

一、国内现状

目前，各国创新科技人才的竞争已成为21世纪知识经济竞争的实质。因此，培养和选拔有高技术水平、高素质的创新科技人才，已成为一个国家科学技术高水平发展的关键。虽然我国在创新科技人才的评价工作上做了大量的工作，但是由于学科性质、评价标准、评价方法、社会大环境等影响，仍然存在一些需要思考和解决的问题。

第一，创新科技人才评价方法的尚未完善。从20世纪70年代末至今，同行评议法一直是我国创新科技人才评价的普遍方法。如科研方向的确定、资源的分配、荣誉和奖励的授予、论著的发表等，都离不开科研主体的同行评议。由于同行评议是由从事某一领域或接近该领域的专家，对一项学术工作的学术水平或重要性进行的评价，因此，专家群体的成员属于相同的科学共同体，从而导致了同行评议具有保守性，很难保护创新思想和不同观点，尤其是具有革命性的创新思想观点。在同行评议中还时有出现违反社会规范的行为：如同行专家中大同行多、小同行少，鉴定走过场，名人效应，名流免检，"合法"参考被评议者的新思想，评语"掺水"，"权威"定音，自行预拟鉴定意见，为鉴定会设"实惠"等。

第二，非学术因素介入。主要表现为行政因素的介入和经济因素的介入。因为官方评价在我国仍是主流评价，因此我国对于创新科技人才的评价（即国家级、省级、地方级等），虽然由学科专家和科技管理层的行政人员共同承担，却常由行政起主导作用，从评价标准和程序的制定到评审选拔工作的实施由于有行政的介入，从客观上会出现"外行领导内行"的现象，从效果上会导致创新科技人才评价公正性的偏移。

第三，创新科技人才评价后管理不到位。创新科技人才评价是一个动态的过程，不同岗位对于创新科技人才的要求标准不同，即使是同一岗位，不同时期对于创新科技人才的评价标准要求也不一样。例如对于IT计算机人才的要求，每年都有新的变化。然而由于后续跟进不到位的原因，导致现有的评价维度不能全面、系统地评价创新科技人才。单纯地侧重于对能力、业绩等某一方面进行评价，很难满足对创新科技人才进行动态评价的要求。

以上创新科技人才评价建设的不到位，从客观上造成了制约我国创新科技人才创新能力提升的三个不协调。

第一，资源有限与资源浪费。我国经过40年改革开放的不懈努力，科技创新充分发挥"后发优势"，在航天、深海、高铁、核电、生物、超算、通信、互联网、新能源等重要领域成功跻身世界先进行列。与此同时，我国沉淀了众多贴近生活、惠及民生、面向需求、创造消费的好技术和优秀中小科技企业，但是由于体制机制原因，这些优秀的科技项目和中小企业很难得到政府科技资金、风险投资基金的青睐。尽管我国每年的科技资助投入在不断增加，但是相对于庞大的科技群体来说，科技资助始终有限。与此同时，也出现很多拿到国家科技资金资助的项目或者人才没有充分运用好科技研发资金，没有投入到科技一线的现象，从效果上造成了资源的浪费。

第二，绩效导向与人才培养。由于现有的评价指标和评价方法对不同性质科技活动分类评价工作的指导性不强。多数评价更关注其直接的、近期的、显性价值，而忽视间接的、长远的、隐性的价值，评价"重物轻人"。

第三，基础研究与功利研究。我国当前科学技术的整体水平与发达国家相比还有差距，尤其在充分展示国家综合实力与核心竞争力的高科技领域表现得尤为突出。但在某种意义上说，原始创新又是一个科研积累从量变到质变的过程，没有长期的、持之以恒的科研积累作基础，原始性创新就不会产生。而创新科技人才评价的功利导向，使现有的学术研究的商业气息越来越浓，这又使得科研人员的心态容易浮躁，缺乏学术需要积累的耐心。

二、问题分析

产生这些问题的原因是多方面的，浓缩来看，主要有两大方面：

（一）文化层面

新加坡是一个华裔为主的国家，中华文化在新加坡根深蒂固。他们在创新文化上面对的问题，对我们有深刻的借鉴意义。新加坡曾经针对该国创新不足的问题提出"为何新加坡未能培育出诸多创业公司？"的国家疑问，也为此做了深入的研讨。

并不是新加坡不够优秀。它的人均国内生产总值已经超过3.5万美元，属于世界发达国家序列。从1965年以来新加坡每年平均保持8%的经济增长率。尽管拥有如此傲人的增长纪录，可是却始终未能在科技创新上取得突破。这使得该国领导人开始思考与新加坡的文化相悖的东西：创新精神、冒险精神和灵活性。

《纽约时报》托马斯·弗里德曼说："我宁可面对以色列的问题——财政、管理和基础设施，也不要面对新加坡的问题——文化束缚"。新加坡财政部长尚达曼为此专门请教以色列风险资本家纳瓦·斯沃奇—索菲。"以色列是如何做到富有冒险精神的？"

基本而言，机构的框架一般基于两种模型：一是标准化模型，常规和体制控制着一切，包括严格地遵守时间和预算等；二是实验模型，每天人们都会对每次练习、每条新信息进行评估和讨论，就像那种研发实验室一样。新加坡显然属于前者，它是顺从的坚持、对礼貌的追求，固化的模式已经将"变化"从新加坡文化中彻底清除。而以色列却始终贯彻试验模型。

以色列国防军乔治亚·爱兰德（Giora Eiland）将军甚至建议应该考虑使用严厉的措施来巩固其传统的反等级、创新及充满魅力的理念。这就是以色列的秩序。根据研究创业主义关键因素的新经济学派的观点，哈佛大学心理学教授霍华德·加德纳提出："当人们能够跨越界限、颠覆社会规范、在经济体中制造动乱时才会产生变化，所有这些因素都会催生激进的思想"。经济学家比尔·鲍莫、鲍勃·利坦、卡尔·施拉姆提出"对于变化来说最可怕的障碍就是秩序，适当的混乱不仅是健康的，也是非常必要的"。

因此，如果要回答是什么让以色列具备如此强大的创新能力？表面的、明显的答案是集群效应——哈佛大学教授迈克尔·波特的理论。集群由高密度的名牌大学、大型企业、创业公司、供应商、工程师和风险资本组成，他们组成了创新的生态系统。另外，以色列军队也扮演了重要的角色，投入大量的资金发展尖端科技，培育精英科技部门，使得大量的科技和创新人才资源溢出到民用经济领域。

但是，表面的原因不足以充分解释以色列在创新领域取得的成功。因为世界上很多国家都有类似以色列的模式。新加坡有强大的教育系统和与以色列类似的军队模式、韩国有征兵制度，瑞典、芬兰等国家都具有发达的经济体系、良好的基础设施和先进的科技。但是他们都没有以色列具有众多的创业公司和吸引更多的风险资本。因此，从更深层次看，以色列没有等级制度的文化氛围，军队的精英培养，大胆的猜想和批判的思维，从底层强化灌输实验式而非标准化的理念。更为重要的是有各学科、各领域的大胆融合、良好的团队合作意识、是独立又相互联系，是以小的形式存在却有大的发展目标，是基于这一切的文化核心。而这些也回答了我国当前创新文化仍显不足的根本原因。

（二）制度层面

现阶段，我国创新科技人才评价中的监督机制既包括内部监督又包括外部监督。内部监督主要是团队内部成员之间的相互监督，团队各专业组织对其成员的监督等，这种监督一般是非正式的；而且由于创新科技人才评价标准的不确定性，同行之间密切的人际关系，出于共同利益的考虑，使得内部监督缺乏力度。外部的监督机制一般是由政府或政府科研管理部门建立专门的监督管理机构，对创新科技人才评价的客观公正性进行监督，目前我国在这方面的制度建设，主要体现了干预而没有很好地体现出监督作用。

第四节　创新科技人才评价的对策与建议

　　针对创新科技人才的评价，无论是"千人计划""万人计划""创新人才推进计划"等国家科技人才计划，还是地方的人才计划都有一套针对各项目的评价体系，都对人才或项目的评价起到了关键的作用。当然这些评价更多地倾向于准入，即通过这些评价的人才有资格进入某一个计划。大多数人力资源计划的一个显著弱点是缺乏系统的、固定的评估。对人力资源计划中的评估进行的一项全面的分析揭示，传统的方法就是"由在办公室的一至两名，甚至几名领导以及在场的管理者对计划进行评估。这个计划会继续被使用，直到某位有权利的管理者认为这个计划不再适合为止。所有评估都是基于各种看法和判断的"。这种评估已经使一些有效的计划不得不终止，而无效的计划却变得固定化。无论是哪种结果，都会产生严重的信任危机。当今所有针对人的计划，无论是政府的社会服务计划还是人力资源管理计划，都处在合理评估和责任明确的压力之下。在甄选和评估技术的效度的问题中，所有人力资源管理技术的系统性评估应该从头到尾地进行。因此，从人力资源角度来分析，创新科技人才评价分为两个部分：一是准入前评价。目的是在考评创新科技人才能力的同时，考察性格特质和心理稳定性；二是准入后评价，保证绩效提高的评估。

一、准入前评价

在根据现有人才计划的考评体系评价科技创新人才的同时,增加。"五大"人格特质测试。根据上面论述,责任心、情绪稳定性、宜人性、外向性、对于经验的开放性的五大特质在大约30岁之后趋于稳定,即使随着时间的推移,个人的人格特征图几乎也不会改变。当前在人格这个领域,已有足够的研究证据表明人格特质对工作绩效、工作满意度、工作激励可能产生的影响。

心理测评。测评结果预测个体从事某种活动的适宜性,客观、全面、科学、定量化地反映科技创新人才当时所处的状态,提高人才选拔的效率与准确性。

胜任力测评。美国心理学家David·Meclelland在所著的《测量胜任能力而非智力》中首次提出,运用评价胜任力的方法来取代传统智力测量。Lyle Spence博士提出了著名的"素质冰山模型",即胜任力包括:行为、知识、技能、价值观与态度、自我认知、品质、动机等几个方面,有表象和潜在之分,见表2-6。

表2-6　　　　　　　　胜任力的维度与标准要素

维度	标准要素
表象胜任力	知识 行为 技能
隐性胜任力	价值观、态度 自我认知 个性特征 内驱力与动机

二、准入后评价

准入前评价是确保进入计划的人才具备足够的品格和能力，准入后的评价是跟踪监测创新科技人才工作的稳定型，目的是绩效的评估。因此，对进入计划的创新科技人才进行定期或不定期跟踪测评相对亦显得尤为重要。

第一，工作满意度测试。从目前的研究来看，工作满意度与绩效之间有一定的正相关，但是并非传统上人们所认为的那样——满意的员工是生产效率高的员工。从支持性证据表明是满意度影响绩效而不是绩效影响满意度。研究表明，对工作高度满意的人员一般会有较好的健康体魄，更快地学会新的工作任务，在工作中出现较少的事故，抱怨也较少。另外，通过提升满意度，压力会减少。从总体而言，工作满意度有助于提高绩效，降低离职率。基于目前的知识体系，下面一些方法有助于提高工作满意度：从兴趣和技能的角度匹配人和工作；给予公平的薪酬、福利和晋升机会；重构工作使得人才感到鼓舞和满意；使工作变得有趣。

高端科技创新人才都有较高的个人期待值、清晰的发展规划、较高的工作环境需求等，他们对工作满意度测评可以较为准确地反映出他们当时所处的状态，也便于管理部门及时做出调整，进而适应他们对工作的各项需求。

第二，压力评估。当今的人才面临着各种压力。压力（stress）已经成为当今社会关注的焦点。压力不仅对于受害者本人及其家庭有极坏的影响，而且对组织的损害也很大。欧盟最近的一项报告指出，压力已经是第二大最常见的威胁职业健康的病症（第一是背痛）。从组织行为学看，工作压力源主要来自四个方面：组织外部压力源、组织内部压力源、群体压力源和个体压力源。

外部压力源。工作压力不仅仅局限于组织内部以及在工作时间内发生的事情。最近的一项研究发现，工作场所以外的压力源实际上与对工作的负性情感和体验有关。组织外部压力源包括社会与技术变化、全球化、家庭、搬迁、经济和财务状况、种族和性别、居住地或社区环境。家庭因素和经济状况是大部分人能够关注的压力点。从工作角度，在全球化过程中，越来越多的出国留学人才返回国内就业定居（特别是多年国外旅居经历的），由于环境冲击，归国后他们可能会感到孤独。从生活变化角度，心理学家费伊·克罗斯比研究发现：和其他生活伤害相比，离婚给工作带来更多的困扰。她说："在配偶离开后的前3个月，无论男女，都无法集中精力工作"。

组织内部压力源。除了组织外部存在潜在的压力源之外，也有一些压力源与组织自身相关。宏观层次上分为行政政策与战略、组织结构与设计、组织流程以及工作条件。对人才而言，有责任无权力、无处诉苦、表彰不足、缺乏清晰的职位描述等也是其压力来源。

群体压力源。群体压力源主要来自两个方面，一是缺乏群体凝聚力；二是缺乏社会支持。有研究表明，缺乏社会支持带来的压力甚至会造成健康问题（如日本的冷暴力）。

个人压力源。无论是外部的、内部的或者是群体的压力源最后都会作用于个人层面。在可能产生压力的情境维度和个人特征方面，研究观点趋于一致。例如，A型—B型人格自测中，个人特质如A型人格模式、个人控制、习得性无助、心理耐受力等都可能影响一个人感受到的压力水平。另外，由挫折、目标、角色等导致的个人内部冲突也有着和个人压力源相同的含义。从个人压力研究上，人们非常关注A性人格（type A personality）。

A性人格的人是属于下列一类人：在既定的期限压力和超负荷条件

下长时间地努力工作；经常在晚上或者周末把工作带回家，不能够放松下来；经常与自己竞争，设定较高的产出标准，并似乎必须努力保持；在受到其他人工作努力的刺激情形下，或者在受到上级管理者误解情形下，容易有挫折感。

相反，B型人格非常悠闲，他们有耐心，对于工作和生活抱有一种非常放松、低调的态度。根据医学界相关研究，做一个以工作为第一、紧张匆忙的人，未必对心脏有害，而有害的是敌意和愤怒水平很高，而且在与他人相处时不加以任何掩饰。因此，A型性格的急躁不是导致心脏病的根源，是愤怒和敌意导致了心脏病。

另外，A型人格的人与B型人格的人相比，更容易有更好的绩效并获得更大的成功，一般会从"捷径"走上高层。但是，在高层中，他们没有B型人格的人成功。B型人格的人通常不过度野心勃勃，通常更有耐心，看事情视野更开阔。大多数A型人格的人不能也不愿进行B型人格的转换，也不能采取行动对付自己的A型人格特征，A型与B型人格的描述对比见表2-7。

表2-7　　　　　　　　A-B型人格描述对比

A型人格描述	B型人格描述
总是运动的	不关心时间
行走、吃饭、说话很快	有耐心
没有耐心	不吹牛
同时做两件事情	目的在于寻求乐趣，而不是为了获胜
不善打发空闲时间	
被数字困扰	休闲时没有负疚感
以量计算成功	没有紧张的最后期限
好斗的	行为温和
有竞争性的	从不匆忙
常常感到时间不够用	

大多数的创新科技人才都是 A 型人格的人，他们会取得更好的绩效和成功，但是他们承受的压力也更大（有小部分 A 型人格的人能更好应对压力）。因此，对于他们的压力跟踪测试显得尤为重要。分析清楚创新科技人才的压力来源，才能采取更有效的针对性措施解决并舒缓的压力。

创新科技人才评价，通过科学的测评手段对他们进行跟踪调查研究，利用当前的大数据手段收集连续数据分析他们的核心需求。为他们提供更有针对性的政策和服务，并采取更为有效的激励手段。另外，统计数据也能为各项人才计划的持续实施和调整提供科学依据。

本 章 小 结

创新科技人才评价是科技人才识别、发现、培养、管理以及重要科学家和科技创新团队培养、重点人才工程推进的基础。本章基于胜任素质模型理论、人群关系理论和个体创新行为理论等重要理论，结合国内外创新科技人才评价体系的已有研究，提出了创新科技人才发展的评价体系模型。该模型从创新科技人才的能力与动力两个层面，七个关键要素展开对创新科技人才的评价。目前，我国创新科技人才评价在评价方法、评价后管理等方面仍存在问题，其原因主要来自文化和制度两方面。我们需要从准入前评价以及准入后评价两方面进行改进。

第三章 创新科技人才激励

第一节 概念界定

创新科技人才的激励是指管理者依据一定的法律法规、价值取向和文化环境等,针对具有创新意识、创新思维和创新能力的并能够取得创新成果的人才,特别是从科研院所走出来的研究型创新科技人才从物质和精神两个维度进行激发和鼓励的一系列制度和机制[①]。创新科技人才的激励是创新科技人才开发过程的重要一环,更是各个科技组织有效调动其人才工作积极性的合理依据,对于提高个体创新意愿,促进个体将创新想法转换成科技成果,推进我国科技创新事业的发展,推动我国跻身世界科技强国具有重要意义。

创新科技人才的素质特征:区别于一般组织成员的特征,创新科技人才的素质较高、思维活跃、独立思考能力较强、民主意识较强、与时俱进的能力较强等。本书探讨的主体主要是指科技活动人员、科学研究与试验发展(R&D)人员、科学家与工程师。

---

① 赵峰,刘丽香,连悦. 综合激励模型视阈下创新人才激励机制研究. 科学管理研究,2013(12).

第二节 理论基础

一、重点理论模型

(一) 赫兹伯格的双因素理论

双因素理论是美国心理学家弗雷德里克·赫兹伯格于 1959 年提出来的,该理论将个人对工作感到满意的因素与对工作感到不满意的因素界定为两种性质不同的激励因素,指出使个人对工作不满意的因素与具体工作条件和工作环境有关,这类因素称为保健因素,保健因素对个人不具有直接激励作用;使个人对工作感到满意的因素与工作内容和工作成果有关,这类因素称为激励因素,激励因素对个人产生持久有效的激励作用。双因素理论指出,两类因素之间是相对的辩证统一的关系,保健因素是激励制度的基础,激励因素则是目标、是关键。过分强调保健因素忽视激励因素,并不能起到真正的激励效果,贬低保健因素而一味地强调激励因素,也不会产生持久有效的激励作用。

(二) 综合激励模型

综合激励模型是激励理论发展到一定阶段的产物,是美国行为学家 LW. Porter 和 E. E. Lawler 于 1968 年在《管理态度与行为》一书中提出来的。这一模型以弗洛姆的期望理论为主要框架,并把以赫茨伯格保健与激励双因素理论为基础而发展起来的外在性和内在性奖酬的概念引入进来,从而形成综合激励模型。

赵峰、刘丽香、连悦(2013)提出了在综合模型视阈下创新科技人才激励机制的要点:科学设计外在性奖酬体系、合理构建内在性奖酬体系、理性完善绩效评估体系、民主提升公平感和客观的考察满意度。这里的外在性奖酬体系主要包括提高创新科技人才的收入和后勤保障水平以及提供学习和职业发展的机会和平台。内在性奖酬体系主要包括创造自由的工作环境，提供富有挑战性的工作以及营造积极的组织文化。

（三）马汉·坦姆仆的知识工作者模型

马汉·坦姆仆的实证研究发现对知识性人才来说，个体成长、工作自主和业务成就具有重要的激励作用，财富的影响非常小。在此基础上，他归纳出知识工作者的激励模型，此激励模型主要提出以下激励机制：培养员工的工作成就感、培养员工的工作能力和创造性、创造有利的工作环境、建立员工明确的目标观念、提供知识与信息的充分交换。

（四）高层次创新型人才的分层激励模型

1997 年 Rabinowitz 和 Hall 在工作卷入期望理论模型和工作卷入动机理论模型的基础上，提出了工作卷入的综合理论模型，该模型认为工作卷入是个人特质与工作情景互动下的产物。李永周（2010）在此综合激励模型基础上，提出了高层次创新科技人才的分层激励模型。该模型认为，组织公民行为和组织承诺是激励的前提条件，组织战略规划（支持性的工作平台、学习型组织、组织职业生涯管理）是激励的影响因子，高创新绩效和高水平的生涯承诺是激励机制的结果维度。根据此模型，作者针对创新科技人才提出如下几点激励措施：工作环境优化，工作平台建设，职业生涯管理。

二、国内外研究综述

针对创新科技人才的激励机制研究大致可分为内部激励和外部激励

两种，内部也称直接激励，指工作本身直接含有激发行为动机的激励因素，外部激励也称间接激励，即指来自生活、工作的外部环境的激励。世界著名的安盛咨询公司与澳大利亚管理研究院对澳大利亚、美国、日本多个行业的858名员工进行分析后列出了知识型员工的激励因素。名列前五位的激励因素依次是："报酬""工作的性质""提升""与同事的关系""影响决策"。其中"工作的性质""与同事的关系""影响决策"三个因素对于知识型员工的重要性强于其他员工。因此，内外部激励对于激发创新科技人才的工作创新动机都很必要。

（一）内部激励

国外许多学者从工作卷入、工作投入两方面对高层次创新科技人才的激励进行研究。Allport[①]最早提出工作卷入概念，认为工作卷入是个体积极参与自己的工作以及满足威信、自尊、自治和自利的需要的程度。此后，众多学者从不同角度完善这一概念，并围绕工作卷入、工作投入的激励模式、特点和实施效果进行理论和实证研究。Daisy Chauhan指出，工作卷入能促进个人成就感的形成，激发他们高效完成工作任务；Maslach和Leiter认为，工作投入能让人感到精力充沛，并高效地投入到工作中，改善公司绩效；Britt以Schlenker的责任三维模型为理论基础，强调工作投入是个体对自己工作绩效的强烈责任感和承诺意愿，有助于实现高水平的个人绩效。

郭秀敏和王润良（2002）针对知识工作者的内部激励提出为知识工作者提供具有挑战性的工作机会，赋予知识工作者适当的自主安排工作时间的权力，对知识工作者创造性努力的失败进行奖励以及提倡在整个组织中形成学习文化。文魁和吴冬梅（2003）在北京市高科技企业

---

① 李晔，龙立荣. 工作卷入研究综述. 社会心理研究，1999（4）：57–63.

人才激励机制项目的研究报告中指出：对于我国企业中的知识员工来说，四大激励因素最重要的是个体成长，接下来依次为业务成就、金钱财富和工作自主。程郁（2010）在创新科技人才的激励机制及其政策完善中提出对创新科技人才的激励大致分为3个层次：自激励、组织激励和社会激励。自激励是典型的内部激励，作者认为激励科技人才创新最重要的因素是其自身的兴趣和科学理想。张宏如（2012）从员工帮助计划（EAP）视角提出创新科技人才的激励内容包括工作层面和生活层面。工作层面有创新科技人才个体的工作压力应对、人际关系协调、职业价值观澄清、职业生涯规划、心理资本提升、工作满意度提高等，组织层面的有组织承诺与心理契约强化、忠诚度增强、人文关怀环境构建、工作绩效提升等；生活层面有创新科技人才个体健康成长、家庭关系等。孔德议（2015）在我国"十三五"期间适应创新驱动的创新科技人才激励机制研究中提出对创新科技人才的激励机制应注重内在激励与外在激励。内在激励机制主要包括如下：个人成长与职业发展激励机制；高度自主与工作氛围激励机制；自我实现与荣誉激励机制。

（二）外部激励

尹艳冰、赵涛、罗钢强（2006）对创新科技人才的有效激励作了探讨，提出了切实尊重科技人才的创造性劳动，建立与其实际贡献相匹配的利益分配关系；实施技术资本人格化，为科技创新提供内在动力；积极提倡事业激励和情感激励等方式激励创新科技人才。程郁（2010）在创新科技人才的激励机制及其政策完善中提出对创新科技人才的激励大致分为3个层次：自激励、组织激励和社会激励。社会激励主要包括各类科技创新奖励、同行评价、学术声誉和影响、社会的尊重和荣誉以及创新成果的广泛应用和社会价值的实现等。刘晓阳（2012）在创新型企业创新科技人才激励体系研究中指出推动创新科技人才不断创新的激励体系包括：建立科学的创新行为激励机制，建立激励性薪酬体系、建设创新环境以及进行职业管理。王丹和鲁刚（2015）在综合考虑企业创新科技人才的素质特征和成才规律，设计了多元化的企业创新科技人才培养和激励机制体系，在创新科技人才的激励中，着重关注其成就动机满足，在职业发展通道和空间上给予特别关注，并基于全面薪酬综合设计涵盖多种方式的激励体系[①]。孔德议（2015）在我国"十三五"期间适应创新驱动的创新科技人才激励机制研究中提出对创新科技人才的激励机制应注重内在激励与外在激励。外在激励机制主要包括：挑战性工作与工作设计激励机制；物质保障与薪酬激励机制；成果转化与奖励政策激励机制。宋雨珂（2017）在创新科技人才的激励机制创新探究中提出对创新科技人才的激励机制进行创新，主要包括如下三方面：股票期权激励；特殊薪酬激励；环境和情感激励。

三、本书提出的理论模型

基于上述理论模型以及国内外研究现状，本书以赫茨伯格的双因素理论为基础，将对创新科技人才的激励分为两大模块，分别是内生激励与外生激励，即在保证一定水平保健因素的同时，重点做好激励因素的相关工作，充分利用激励因素激发创新科技人才的创新积极性。在结合前人研究的基础上，提出内生激励具体包括三个方面，分别是个人价值的实现、个人的学习发展以及工作挑战性；外生激励包括八个方面，分别为工作环境、创新文化、领导风格、绩效考核、薪酬制度、资源分配、团队激励及政策法规，如图3-1所示。

---

① 王丹，鲁刚. 多元化企业科技创新人才培养与激励机制探析. 中国人力资源开发，2015.

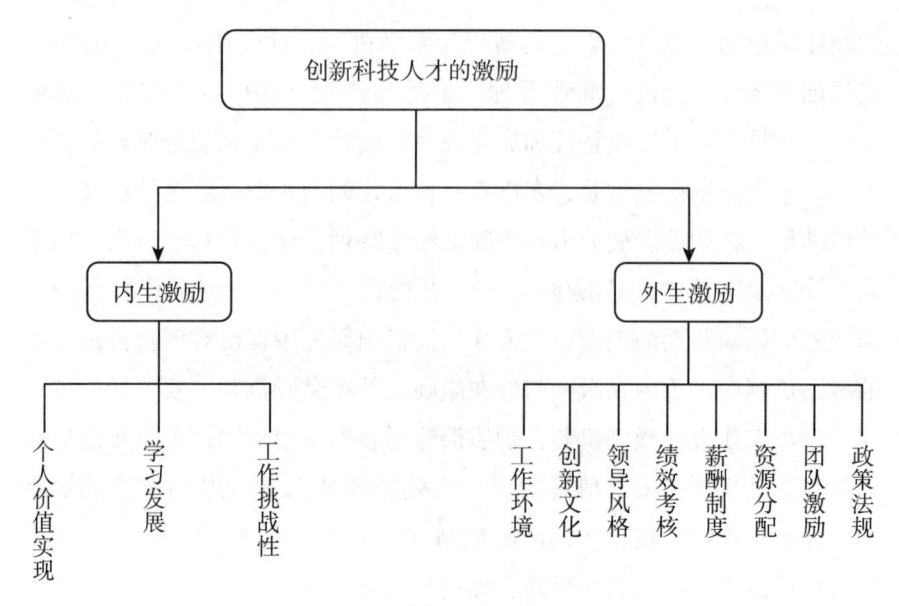

图 3－1　创新科技人才的激励机制模型

Harrington（1990）认为，关于个体创新行为的研究应当把创造性加工、创造性个体与创造性环境联系起来进行考虑。影响创新科技人才创新的组织环境因素主要包括四个方面：工作因素、领导与团体因素、组织文化与政策因素以及资源丰富性因素。关于领导风格，Frese，Teng 和 Wijnen（1999）的研究表明，上级越鼓励下属，那么下属所提交的创造性想法也就越多。Shin 和 Zhou（2003）发现变革型领导风格同员工创新水平之间存在正向关系；而上级的控制行为（如严密监视）同员工的创新之间存在负相关（Zhou and George，2001）。关于创新文化，Nonaka（1991）的研究发现，当组织文化显示出愿意承担风险和挑战等特征的时候，组织营造创新的组织文化氛围，员工将有更高的创造积极性。关于资源分配，Amabile 和 Gryskiewicz（1989）发现，一个经常被提及的对促进创新的发挥所必需的因素就是有充足的时间进行创造性的思考。除了时间以外,员工创新的发挥还需要能够获得相应的物质资源。关于团队激励,Kasperson(2000)的研究发现,那些触摸不同科学领域的科学家在他们自身的领域更易做出创造性的贡献。

第三节 创新科技人才激励的现状与问题

一、我国创新科技人才激励的进展

目前,我国针对创新科技人才的激励政策逐渐体现业绩和能力导向,知识产权保护逐渐得到各方面重视,逐步加大了薪酬制度建设,在实践中逐步形成市场化人才激励机制。

进入21世纪以来,我国创新科技人才发展进入一个新的阶段,各地区人才开发都取得了显著成绩。各地由于自然环境、人口分布、生产力布局、地区经济技术与历史文化发展水平等地域差异,加之各地近年来围绕人才培养、引进和使用,不断因地制宜创新创新科技人才的激励政策,在人才开发激励方面形成了一些区域性特征。以北京、天津、上海、江苏、浙江、广东6个省市为主要代表的东部地区,创新科技人才激励政策的主要特征是:领导重视程度高、政策出台早、措施新、力度大、配套全、视野宽,能力和业绩为导向的激励政策逐步形成,市场化机制发展较快,知识产权保障机制不断健全,创新创业环境持续改善,并且各项政策落实机制的运行效率高。这也成为中部和西部地区在创新科技人才上学习赶超的榜样,另外,在云、贵、川、陕等西部地区国家会相应出台一些扶持性的人才激励政策[①]。

---

① 黄多能. 高层次创新型人才开发的激励政策研究. 安徽大学,2014.

目前为更好地适应创新科技人才的工作特点，采用了工资作为固定收入，起到保障创新科技人才基本生活的作用，奖金作为主要激励手段。奖金的发放是我国企业对创新科技人才最为直接的工作回报，现有企业几乎无一例外地建立了整套的奖金激励机制，根据个人工作表现、小组工作表现等因素来决定创新科技人才的激励水平。福利成为激励的有效补充。企业通常会提供更多的诸如学习及教育津贴、医疗、交通工具等福利措施，来增加企业对创新科技人才的吸引力。同时，员工持股、股权激励等长期激励形式，也已成为我国企业激励创新科技人才、留住人才的主要形式。

二、我国创新科技人才激励存在的问题及问题分析

中国与全球化智库（CCG）研究编著的《中国留学发展报告（2016）No.5》的统计数据显示，留学人员回国创业过程中，排名前三位的困难是经营运行成本高、融资困难、难以引进及留住适用人才，分别占比26.9%、16.4%和15.5%。

根据《2016中国海归就业调查报告》的数据，有超过六成的留学回国人员在基层岗位，实际酬薪低于预期，所学专业与工作匹配度、满意度都差强人意。在税后月收入方面，被调查者的收入范围在低于5000元、5000~10000元、10000~15000元、15000元以上的四档工资占比分别为25%、46.9%、16.6%、11.3%①。根据最近一项"创新型人才需求调查"②显示，目前我国创新科技人才较不满意的需求层次是住房、带薪休假、配偶工作和子女教育。由此可见，收入水平和福利待

---

① 王胜利. 大型国有企业创新科技人才激励模式探讨. 科学学研究，2007.
② 卓玲，陈晶瑛. 创新人才激励机制研究. 中国人力资源开发，2011（05）.

遇依然是创新科技人才激励机制需要解决的问题。总结来说，主要有以下五个方面：

第一，个体价值诉求及实现稍显不足。企业对所有的创新科技人才采用统一的激励措施，但由于不同的创新科技人才的需求不同，因此采用同样的激励措施不能达到想要的效果。例如，有些科研人员注重自己的科技成果转化，注重自己的价值实现，对于这类创新科技人才只用薪酬激励，效果是不理想的。有些创新科技人才无意于职务的提拔，采取行政职务晋升的激励方式对其效果也不理想，甚至会分散其专注于科技创新的精力。

企业组织的核心竞争力来源于组织创造的价值。创新科技人才是组织创造价值的中坚力量。现阶段，大多数企业组织还存在着以学历、认知能力以及工龄等来评判一个人的价值大小，这严重打击了创新型科技群体的工作积极性。

第二，科研经费分配有待更科学。郑文范[①]对我国的科研经费投入做了一份研究，研究表明：R&D 经费/GDP 比值达到 3% 是全球公认的标准，而我国 R&D 经费/GDP 比值虽然逐年增长，但仍未达到该标准。而且，在应用研究的相关数据调查显示，应用基础研究经费投入所占比重明显偏低，与发达国家在应用基础研究的经费投入（大于 20%）相比差距骤显。

第三，尊重个性的组织环境有待提升。针对创新科技人才的激励，领导应采用以支持和协调为主的领导方式，给予员工自由发挥的空间，在组织中营造充满信任与亲密感的文化氛围，让创新科技人才在组织中有平等感与责任感。充分保障创新科技人才的话语权：创新科技人才在

---

① 郑文范. 我国 R&D 经费投入现状及"十二五"期间投入目标探析. 科技进步与对策，2010，27.

工作中如未能得到良好的沟通，会产生不被信任或不被尊重的感觉，进而有逆反情绪，无法有效激励自己。

第四，政策法规机制尚未完善。为了引进优秀的创新科技人才，政府及相关组织制定了较多的政策措施，以吸引具有实力和潜力的创新科技人才聚集，这些措施确实起到了显著的作用，身处不同领域不同地域的创新科技人才在科研及技术创新等方面做出了突出贡献。王剑等[1]提出传统的激励机制太过陈旧，政策执行的相关制度存在问题；程郁等[2]认为人才激励的基本保障制度不够完善，考评机制不够全面。有些科技创新人才引进前缺乏充分的考察评估，引进后激励机制不能发挥有效作用，定期进行动态的追踪和评估的不充分，导致激发创新科技人才的创新潜能和创新意愿受到相应抑制。另外，系统有效的绩效考核机制还未完善。仍存在有考核目标不明确，考核指标单一化；考核结果失真；考核结果和奖酬联系不紧密，考核结果的运用不合理等现象。

第五，激励手段不够丰富。现阶段，在我国大部分组织对创新科技人才的激励手段不够丰富。薪酬所产生的激励属于保健激励，只能防止员工不满情绪的产生，对有效地调动创新科技人才的积极性和创造性效果不佳。同时，认知评级理论认为外部奖励的引入可能会降低个体动机的总体水平，表现为当组织把外部报酬作为良好绩效的奖励时，来自个体从事自己喜欢的工作的内部激励就会减少。因此，针对创新科技人才这类群体是否应采取战略性的激励薪酬还有待探讨。

管理者对创新科技人才的心理需求重视不足，对创新科技人才的情感管理不到位，对人才的弹性工作时间和地点，工作内容的挑战性、丰富性、趣味性等精神激励因素未能予以足够重视或难以落到实处。

---

[1] 王剑，蔡学军，岳颖等. 高层次创新型人才激励政策研究. 第一资源，2012（2）.
[2] 程郁，王胜光. 科技创新人才的激励机制及其政策完善. 科技创新人才队伍建设，2010，25（6）.

第四节　创新科技人才激励的对策与建议

激励是人力资源领域重要的组成部分。针对创新科技人才，通过科学方法的评估，并在全面、科学地掌握创新科技人才的需求后，从创新科技人才的素质特征、需求、动机等方面，结合我国创新科技人才激励的发展现状及存在的问题，吸收和利用上述激励理论，采取有效的措施和相应的激励手段解决人才评价监测的问题，才能使人才实现更高的绩效，创造更高的价值。

从目前国家级人才计划和省级科技人才计划来看，对创新科技人才的激励主要集中在为创新科技人才提供扶持政策、提供平台和提供资金（包括解决住房、配偶就业、子女入学等问题）为主要做法。主管部门寄希望于给予充分扶持政策后，创新科技人才能够有更好的创新创造，这主要是基于行政管理的考虑。而实际上，人的需求是多方面的，物质固然重要，精神需求更是关键。从对以色列创新经验和我国现状的分析来看，从心理学、组织行为学和组织领导学角度，精神需求始终是人才的核心需求，相对有限价值，他们实现人生无限价值的愿望更为迫切，这也是老一辈科学家远渡重洋、不辞万里返回祖国，投入到国家百废待兴建设的关键动力。因此，建议在现有人才激励体系、在妥善解决人才评价反映的问题的基础上，增加以下几项。

一、灌输团队意识

无论是"千人计划""万人计划"还是其他科技人才计划，每一位进入计划的创新科技人才都是各领域的高端人才，不是以一个独立的个体存在，而是一个整体。对创新科技人才而言，也绝对不仅仅是一种社会荣誉，更应该是沉甸甸的责任。借鉴以色列预备役制度，作为人才计划的管理部门，建议定期组织一定人数的人才集中培训。有三大益处：

增强集体荣誉感。对团队的荣誉感是受到激励的有效方式。科技人才计划是我国鼓励创新创造的顶层设计成果，无论是入选哪一个层级的人才计划都是对创新科技人才的肯定。要让每一位进入计划的人才增强他们对计划的向心力、认同感和荣誉感。

寻求跨领域、跨专业的解决方案。创新科技人才通过培训平台，分享各自领域研究成果和遇到的技术"瓶颈"，通过各高端人才的头脑风暴，探寻跨领域、跨专业的技术解决方案，进而实现该项目的技术突破和创新。

扩大朋友圈。在不涉密的项目中，可邀请企业家、风投资本等共同参加分享会，扩大创新科技人才朋友圈，增强项目、资金、管理的互联互通，给予项目进入市场检验的机会，打通技术和市场"两张皮"问题，推动技术项目产业化。

二、支持个体创造与提升

鼓励冒险精神。以色列前总理佩雷斯说："最谨慎的方式就是大胆一试"。要鼓励创新科技人才敢于冒险，要鼓励他们反传统、反等级、大胆猜想和批判思量。新加坡的创新文化困境也值得我们深思，新加坡文化与我国一脉相承。中国人也是服从于传统和制度。"怕犯错误"是多数国人内心深处根深蒂固的想法。

个人价值创造。创新科技人才的自我激励是内生的原动力，其他任何激励因素都是通过对它的强化来实现的。激励创新科技人才最重要的因素是其自身的兴趣和科学理想，即个体的科技创新动机。① 他们通常具有以下特质：具有强烈的个性和强烈的科学价值观；具有很强的工作自主性需求；具有强烈的求知欲和能力发展需求；热衷于创新，并希望实践自己的想法；渴望成就，并期望得到社会的认可和尊重。因此，组织应当甄选出真正具备科研能力与科学道德的创新科技人才，在组织内部构建"崇尚创新、追求真理、求真务实"的价值观。

三、非经济刺激、社会关注和认可

创新科技人才作为自然人，通过经济刺激手段固然能够得到激励。但是在我国现有体制下，经济手段是有制度的、有规范和有限制的。另外，从精神需求来看，通过给予荣誉、肯定等非经济刺激手段对绩效有更优的激励效果。

增强社会赞赏。重要的是这种来自被看重的人（譬如领导、同事、下属、朋友、配偶等）的关注和赞赏作为非正式的社会性赞许，也许不仅在行为管理中作为强化物能比金钱产生更大的作用，在正式的表扬中也能发挥作用。另外，作为领导者和管理者也要允许和体谅创新科技人才在科技创新上走弯路、走错路，给予他们足够的信任和耐心。

提高工作挑战性。工作设计长久以来被视为影响创新科技人才创新的一个重要因素，Tierney 和 Farmer 的研究（2002）表明，创新（由上级评定的）同个人工作复杂性维度之间有明显的正向关系。因此，对创新科技人才的激励要注重其工作任务难度设置。在设置工作目标时，管理者应尽可能有效地增加目标的挑战性。对创新科技人才提出挑战性的

---

① 爱因斯坦著，许良英等编译. 爱因斯坦文集（第一卷）. 北京：商务印书馆，第 2 版，2009.

工作目标，有利于其个人价值的创造与实现，进而激发个人内部动机，起到真正的激励效果。

四、领导者匹配的激励手段

高端创新科技人才属于社会精英阶层，物质奖励虽然是重要的激励方式，但是并非他们最热切的需求。通过其他方式有效激励也是激发人才创新创造的重要方法。作为人才计划的领导者和管理者，根据不同类型的人才、针对不同的情形采取相应的激励措施，对有效激励创新科技人才，实现更高的绩效有重要的助力作用。

愿景激励。人才计划领导者应该清晰、明确、连续地向创新科技人才阐述未来可实现的发展目标，让有共同抱负和理想的人围绕在组织周围，使大家更好地凝聚在一起，并更好地为目标开展工作。

情感激励。领导者不以物质和理想为刺激，而是以感情联系为主要手段作为激励，真诚地关心关怀人才，包括生活和未来发展前景。

赞赏激励。人总是渴望得到赞赏。适时对人才的工作表现进行赞赏和认可，肯定人才的贡献。对组织来说，领导的赞赏激励能加强组织凝聚力和有效提高工作绩效。

参与激励。领导者应适时让创新科技人才参与到重大事项的决策和管理的讨论当中，并鼓励人才对未来的发展建言献策，这样不仅能激发人才的潜能，也能提高决策的质量，更能提高效率和管理水平。可分为沟通对话式和授权式。

形象激励。主管创新科技人才计划的领导者通过自身形象对人才的思想和行为产生积极影响，因此对领导者自身的道德、学识、能力水平有更高的要求。

针对高端创新科技人才都是接受过中西方高等教育的顶尖人才，运用西方的激励方式结合我国更注重人情的传统文化（即更重视管理的艺术和人性化）。领导者应充分考虑所属的环境和人际关系等组织因素，根据不同人才的个性特点，采用不同的激励方式。

创新科技人才的激励归纳来可列为：政策、资金、平台、时间、空间、信任、耐心、跟踪、解困、市场、体谅。也即是作为主管领导和部门，不仅要给人才提供政策、资金和平台，同时要给他们足够时间、空间、信任和耐心，更要及时地跟踪评估他们的需求，及时解决他们遇到的生活生产困难，给他们科技项目进入市场检验的机会，最为关键的是给予他们充分的体谅，允许他们走弯路、犯错误。这是对创新科技人才激励的闭环，也是以人为本的科技创新的重要一环。

本 章 小 结

与创新科技人才激励相关的激励理论主要有赫兹伯格的双因素理论、综合激励模型、马汉·坦姆仆的知识工作者模型、高层次创新型人才的分层激励模型。综合国内外，针对创新科技人才的激励机制研究大致可分为内部激励和外部激励两种，而本书提出的理论模型是以赫茨伯格的双因素理论为基础，将对创新科技人才的激励分为内生激励与外生激励，其中内生激励具体包括三个方面，外生激励包括八个方面。目前，我国针对创新科技人才的激励政策逐渐不断发展，在人才开发激励方面形成了一些区域性特征。但我国创新科技人才激励仍存在个体价值诉求及实现稍显不足、科研经费分配有待更科学、尊重个性的组织环境有待提升、政策法规机制尚未完善、激励手段不够丰富的问题。针对上述问题，我们需要从灌输团队意识、支持个体创造与提升、注重非经济刺激，社会关注和认可、领导者匹配的激励手段等方面进行改进。

第四章 创新科技人才早期培育

第一节 概念界定

创新科技人才早期培育是指在儿童时期和基础教育时期向具有创新科技人才潜质的学生提供需要的教育,以拓宽他们的发展空间。(姜联合、袁志宁、朱建民、黄鹏、季慧、郭红峰,2011)

创新科技人才早期培育机制既涉及各级政府和教育行政部门、学校等不同层级的组织,也涉及教育、科技等不同领域中不同部门人员之间的相互合作。因此,创新科技人才早期培育机制是指,参与培养工作的不同层级、不同部门的组织和人员之间的相互作用、协同合作的过程和方式(张景斌,2014)。

创造性产品是任何可以引发观察者"深刻印象"的事物,除了能引起"认知震荡"外,该成果在新颖的同时,还要完全合理(Bruner,1962)。我们可以将其视为科技创新成果的定义。

第二节 理论基础

一、经典理论

Walberg（1984a，1984b，1986）提出一个教育生产力模型，它将9个因素与学生认知和情感成就的积极变化联系起来。这一模型包括以下组成部分：倾向（能力、年龄、动机），知识（知识质量和知识数量），环境（家庭、课堂、同辈、电视节目）。教育生产力模型描绘了学习产出的9个要素的直接影响，以及这些要素之间的一系列相互关系。这些相互联系代表了学习变量间的间接效应。

Bloom（1976）和 Magnusson（2013）参考了 Walberg 的教育生产力模型，提出一个从家庭环境开始，随后是学习能力（包括动机和事前成就），以及由同学、教室和教学等组成的社会心理和教学环境进行进一步的调节的模型，它描述了八年级学生的数学成就和态度。这一结构与社会心理学理论相一致，即个人行为反映了早期经历（家庭环境），个人特征，以及在一个复杂的效应网络中运行的、近似环境的条件。这一结构在很大程度上反映了衡量因素的时间顺序。Walberg（1992）在这一模型的基础上做了实证研究。研究结果表明，改善学习态度的努力需要从学生而不是家庭本身开始。

Siegle 和 McCoach（2005）构建了一个成就导向模型（AOM），如图4-1所示以理解天才学生不成功的原因。根据这一模型，具有天赋的成功者具备达到高水平的能力，如果他重视学校目标以及能够发现学术任务的意义（即有意义的任务）；同时，觉得学校提供了支持性环境（即环境感知）；而且，认为自己有能力完成学术任务（即自我效能感)。如果学生的自我认知中,任务意义、环境感知和自我效能感这三个要素共同构成动机,他们就会进行自我调节,并与自身能力水平达成一致。同时,家庭、同龄人和学校对这一过程产生影响。然而,Siegle和McCoach认为,如果学生对以上三个因素中的任何一个态度较低,他们的动机会受到不利影响,导致自我调节能力不佳,学习成绩下降。

Achievement-Orientation Model
Del Siegle and D. Betsy McCoach

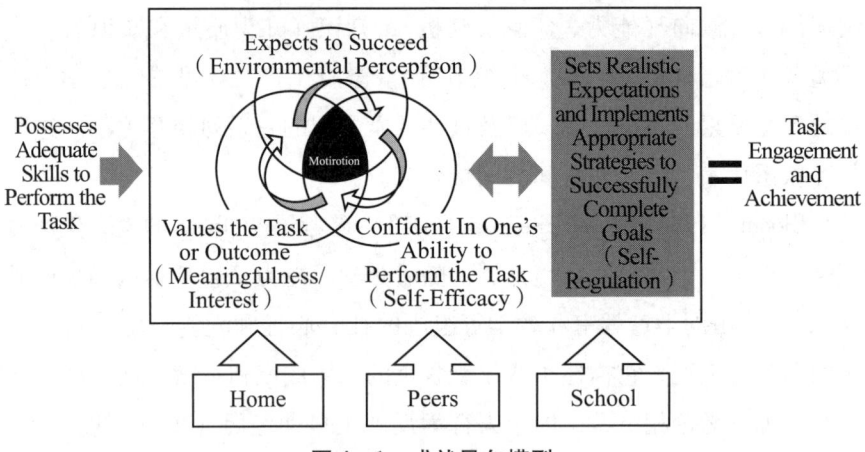

图4-1 成就导向模型

来源:Rubenstein, L. D., Siegle, D., Reis, S. M., Mccoach, D. B., & Burton, M. G. A complex quest: The development and research of underachievement interventions for gifted students. *Psychology in the Schools*, 2012, 49 (7): 678-694.

在该模型中,自我效能感是指学生不仅相信自己有能力在一门学科中取得好成绩,也相信自己的技能具有可塑性,可以通过努力进一步发展。因此,有天赋的学生不仅要有效地表现自己的能力,而且要了解努力发展能力的重要作用。任务意义是指学生必须找到有意义和有价值的任务。即使学生认为自己的技能足够高(自我效能感高),

如果他们认为自己的任务没有意义，也难以完成这一任务。环境感知是指学生对学校和家庭的看法，教师的本质和家长的期望、支持，以及与学生之间的互动模式，对于学生的学术态度和行为都会产生影响。Zimmerman、Bonner、Kovach 对这一天才学生问题进行研究后得出结论，最有效的策略是使学校任务更有意义，因为很多有天赋的学生都具备成功技巧，但由于他们认为任务没有意义，因此选择不应用这些技巧。

Wu–Tien Wu 和 Jau–D. Chen（2001）在一项对台湾参与物理和化学奥林匹克竞赛的学生进行的持续调查中提出，家庭的支持和引导在儿童早期培养阶段扮演重要角色，后期学校质量和教师水平在学生认知发展中发挥更重要的影响。因此，学校应当提供一个能够自主学习的学习环境，避免不当的学习压力；而父母应该鼓励和尊重孩子的学习兴趣和付出的努力。其中，家长和学生认为，在家庭当中，浓厚的学习氛围、父母对学生天赋的感知以及丰富的藏书对于儿童早期阶段的培养具有重要影响；在学校里，优秀的教师、良好的特殊教育项目以及具有激励作用的同辈，对于具有天赋的儿童能够产生积极影响。

Hertzog（2017）从学校环境的角度对人才发展提出建议。她认为，教室需要成为培养人才的场所，尤其是使没有经验的孩子发展自己的优势和才能。因此，学生的思想需要被重视、鼓励和培养，而教师必须具备技能、信仰和创造学习环境的愿望，重视培养学生的创造力、批判性思维和自主性。学校必须为探索提供安全区与合作，并在各个领域取得高成就。家长和家庭必须重视儿童参与探究与合作，以及动手学习能力和冒险的环境，从而使儿童成为终生学习者。使儿童将终生学习作为终生的努力，而不是把成绩视为学校教育的最终目标。因此，学校环境需要改变的地方很多，包括学生的学习信念，以及现有的过于重视成绩、竞争和整合的教育体制。

二、理论模型

本书参考 Siegle 和 McCoach 的 AOM 模型，在能力和外部因素部分做部分调整，提出以下创新科技成果模型，如图 4-2 所示。

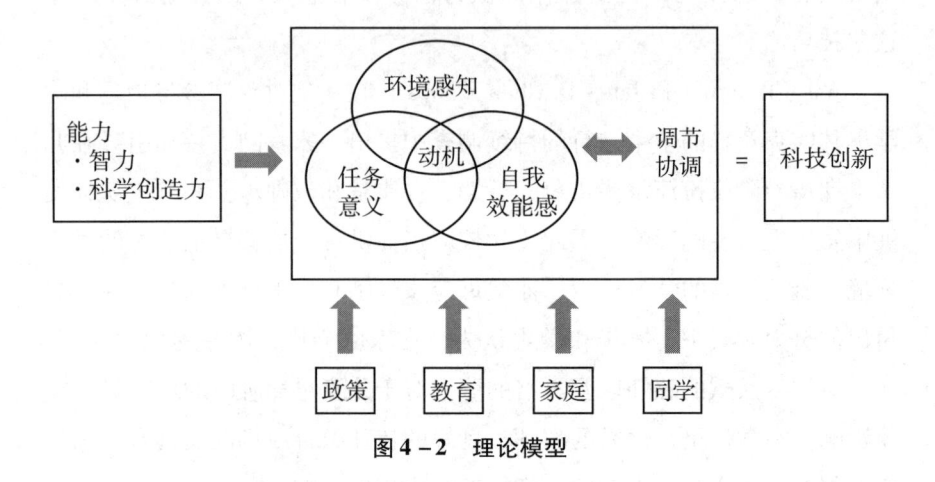

图 4-2 理论模型

首先，必须是具备足够能力的人才，能力包括智商、科学创造力两个部分。其中，智力分为两种，一种是抽象的逻辑推理能力（流体智力）；另一种是知识经验水平（晶体智力）（Horn and Cattell，1967）。本书中的科学创造力是一种综合能力，是在科学观察能力、科学实验能力、科学思维能力、科学学习能力、科学分析问题和解决问题能力的基础上表现出来的综合能力，其核心成分是创造性思维和创造性想象（胡卫平，2001）。它是一种特殊能力，是一般创造力与科学学科的有机结合，是一般创造力在科学学科中的具体表现，是一般创造力与科学学习的结晶（胡卫平、俞国良，2002）。

其次，经过筛选的人才必须具备从事创新科技事业的动机，而动机又由环境感知、任务意义和自我效能感三部分组成。

最后，动机与自我调节之间相互影响，当人才具备从事创新科技事业的积极动机时将进行自我调节。同时，在政策、教育、家庭和同学的影响下，创造出创新科技成果。

第三节　国内外创新科技人才早期培育现状分析

一、国外创新科技人才早期培育的进展

（一）法律与政策基础

西方发达国家历来重视超常儿童的培养与教育，并通过教育立法工作建立保障机制。

1950年，美国国会通过《全国科学基金法》，该法规定了为数学、自然科学和工程方面的研究和教育提供资助的条款，鼓励有才能的学生接受更高级的教育，并从他们中选出拔尖人才进行有针对性的培养，同时成立国家科学基金会；1958年，国会通过《国防教育法》，由银行拨款资助地方发展天才教育；1978年通过的《天才儿童教育法》中明确指出天才儿童需要特殊的服务或活动，对待天才学生要"严格筛选，好中选优，精心培养"；1988年《杰维斯优异学生教育法》出台，该法案对天才科研项目、示范项目、新创策略及建立和巩固初中等学生能力的类似活动进行统筹安排，并拨款790万美元重新建立天才联邦办公室，建立天才研究的全国研究中心；到21世纪，《授权教师给予天才和高能力学生帮助法》从经费、教师、天才儿童的鉴定以及天才教育研究项目等诸多方面完善天才教育服务。

英国的《英国资优教育国家项目：2007~2010计划和改革》阐释

了英国资优教育的理论框架和基本价值观,提出了普适性、综合性、个性化的理念。2003~2005年,英国教育部相继颁发了《每个儿童的事情》《更高标准:所有人的更好学校》等一系列文件,以系统推进的方式在全国每所学校实施天才教育。

1997年,俄联邦以政府令的形式颁布俄罗斯《1998~2000年天才教育总纲要》,致力于开发社会智力资源,提高个体创造能力。1998年,俄联邦出台《1998~2003年"俄罗斯儿童"专项纲要》中加入《"天才儿童"子纲要》。2003年出台的《2003~2006年"俄罗斯儿童"专项纲要》和2007年出台的《2007~2010年"俄罗斯儿童"专项纲要》中,均包含《"天才儿童"子纲要》。2011年,俄联邦教育科学部出台《发现与培养天才儿童有效机制的综合方案》草案,并在草案中明确提出全俄发现与培养天才儿童体系的主要措施和建立相关信息、教育门户网站等。2014年,《构建发现和发展天才青少年全国体系方案》获批,作为发展天才教育的重要政策,文件确定了发现和培养天才青少年全国体系是一个制度、计划和措施的综合体。

同样,新加坡教育部于1984年出台天才教育计划,颁布了天才教育政策。韩国于2002年颁行了资优教育政策。从20世纪80年代开始,我国台湾和香港地区相继开展超常儿童教育。1984年,台湾地区颁行《特殊教育法》,专设天才教育条款,从政策法规上明确了超常儿童教育的体制和地位,在学制与课程上的弹性、师资培育的强化、社会资源的运用等方面,确立起超常儿童教育实验的法律依据。

(二)具有国家或地区特色的创新人才早期培养机制

美国重视精英教育,通过选拔系统将超常儿童遴选出来,使其进入各个州设立的"超常儿童培训中心",接受与其智商和天赋更加匹配的教育方式和教育内容。美国有些高校从事超常儿童的发现和培养工作,其中最著名的是约翰霍普金斯大学的超常青年中心项目。

英国从1999年开始启动城市卓越计划,天才教育是计划的一部分。英国的创新人才教育强调的是在日常教学中融入天才教育的内容,并通过另设补充课程及活动或者采取部分科目跨年级学习等方式来满足天才学生发展的需要。

新加坡天才教育计划分两阶段实施,由新加坡教育部负责。其中,第一阶段在小学,共3年(4~6年级);第二阶段在初中,共4年(1~4年级)。计划的实施主要包括选拔天才、设立机构、设置课程、配备师资等。新加坡负责天才选拔的是天才教育处,他们认为小学三年级的学生最能体现出其在实践中运用所学知识的能力,因此从这时进行选拔。选拔要经过两次筛选,第一次是每年8月,所有小学三年级的学生均有资格参与,测试内容为英语和数学。通过后于10月进行第二次筛选,增加了对一般能力的测试。通过第二次筛选的学生于11月进入四年级的天才班学习,并于小学毕业后继续进入中学阶段的天才班学习。

以色列天才儿童教育是其教育体系的一部分,由天才儿童部负责开发天才儿童的潜能。天才儿童的选拔包括筛选测试和选拔测试两个部分,其中,第一阶段的筛选测试在校内进行,测试前学校会通知每位儿童的家长以确定是否参加,且所有学校同一时间测试。测验内容为阅读和数学,每项测试时长1小时。筛选出15%的成绩优秀的儿童参加第二阶段的选拔测验。选拔测试包括数学、阅读、词汇、推理和常识性知识,每部分测试1小时30分钟。测试成绩在15%的儿童可以参加为天才儿童设置的教育项目。以色列主要开设以下天才儿童教育项目:天才儿童中心、特殊班、艺术学校、虚拟学校、导师项目和大学先修课程。但由于政府经费紧张,拨款无法承担所有教育项目的开支,因此均为收费服务。不过会为经济困难儿童提供一定的奖学金,以确保所有天才儿童均能接受天才儿童教育。

韩国教育科学技术部研究并拟定选拔天才、实施免费教育。其《科学天才教育方案》的内容为，选拔小学低年级学生并与大学教授及相关领域的专家实施一对一的、适合其能力的科学教育。此项教育被认定为正式课程，这些学生的其他学科教育则在就读学校进行。目前，被选中的超常学生一般是利用放学后或周末的时间，在全国23所大学附设的天才教育院上课。

二、我国创新科技人才早期培育现状

我国现行的教育制度，总体上是应试制度占主流。一定程度上，应试制度选拔出了相对较为优秀的学生，但对于创新型人才的选拔却不如意。虽然素质教育近几年提上日程，但治标不治本，一些素质教育方式更成为应试教育的翻版。为了迎合应试教育，一些优秀的创新型人才被扼杀在早期教育中。因此，中国的应试教育制度存在一定的弊端，不适合创新型人才的培养和早期教育。

针对人才创新能力不足的问题，《教育规划纲要》提出了思路和举措，提出要加大教学模式和教学方法上的改革，让每个学生找到适合自己的教育，激发创造力和积极性。

实践探索方面，人大附中拔尖创新人才早期培养实验项目（简称"人大附中早培班"）始于2010年，面向全市小学五年级、在某一方面或某几方面有突出特长或潜能的在校学生进行招生。一试采用中科院心理所的神经系统测试，主要是针对认知能力的测试，这一部分与八中少年班的形式接近；一试成绩优异的学生进入为期三天的"夏令营"环节，主要采用即学即考的形式对学生各项能力进行评估，这一环节主要考察学习能力；之后是校长面试。早培项目的课程体系包括初中早培课程（早六～早八）、早九早培、高中早培（高一～高二）、高三几个部分。初中阶段的早培比较脱离做题和考试，语文课程以阅读名著和学习古诗文为主，数学以初中竞赛为主，内容和难度完全超越初中教材和中考考纲，英语采用了基本的授课形式，也包括电影课、演讲课等，而物理直接使用高中必修和选修教材，并额外开设大学先修课程，化学则使用自己汇编的初中化学教材，生物课以纪录片课为主，还有丰富的研修课（数学竞赛课、英语经典阅读欣赏、实验课、自主课题研究、公益实践等）和科学交流课。由于初中早培课程体系相对特殊，除语文外参与独立考试，考题范围为所学内容。因此，早六～早八的早培可以说是最尊重学生自己的阶段，不仅因为极小的课业压力给了学生极大的自由，而且打通初高中的教学模式能给学生更深刻的学科思维，丰富的实践活动也能拓宽学生视野。早九早培在教学上往中考迁移，多个学科重新开设跑班教学模式，高层课程继续进行早培风格教学，低层为中考做准备。语文和英语进行分班教学，数学开始讲高中必修课程，物理的分层教育包括大学先修课程和中考备战两部分，化学和生物的重点放在高中必修课程上，研修课程的课时减少，同时开设针对中考的复习课。而高中早培相对初中更为保守，针对做题的训练有所增加。在继承前期许多特点的基础上，高中早培作出贴近其他班级的诸多改变，包括参与日常统考和年级期中期末考试及参与学生活动等。同时，高中早培更重视学生的个性化需求，针对学生的目标（包括竞赛生、高考生、出国生、自主招生的学生等），设置不同的跑班教学及研修课组合。语文重视基础语文能力，史地政与其他班级类似，研修课以一周三课时的规模，开设公益研修课程，与单纯做实验相比，提供了更多自主课题研究的机会。高二阶段跑班教学进行分类，包括竞赛/课内和出国/高考两种类型，竞赛/课内班的数理化逐渐加强 A 层的教学难度，将竞赛作为教学目标，学习困难的同学被劝退到 B 层；出国/高考班的生物和英语加入教学内容，但以出国/高考为分层依据，生物出国班重视以 Pre 的形式进行学生讲课、汇报等，关注研究方法、实验设计，并对结果进行讨论。生物高考班则复习高中教材，以学生回答、老师补充的形式为主。英语出国班则以单人 Pre 为上课主要形式，包括学校介绍、模仿 TED 演讲等内容。而进入高三以后，早培有一半的同学进入出国班或提前保送进入大学学习，其余的同学则与其他班级无异，进入全面的高考复习阶段。

北京八中少儿班已经有 30 年的办学历史，教学目的是为超常儿童创造适合他们发展的教育环境，促使他们德智体美全面发展，为培养各类拔尖人才奠定基础。选拔对象为 10 岁左右、文化程度达到小学四年级以上的学生。选拔过程包括三轮，初试考察语文、数学和思维，其中思维考察空间想象力、记忆力和逻辑分析能力；第二轮复试基本内容和初试相似，难度稍大，由选择变成填空和简答题，思维考试升级为笔答和机考两种；通过前两轮考试，选取 60 名学生进行为期一周的寄宿式试读，教授初中程度的知识。这一阶段主要考察新知识的接受能力，以及了解能否适应少年班的教学和生活环境。而少儿班的教学方式在理科上，是快速讲授基础内容，重点放在具有难度的知识上，这对学生的自学能力提出了一定的要求。实验课和自然体育课也是重要的部分。

十一中学的"科学实验班"实施"四学期制"，包括两个大学期和两个小学期，大学期完成各学科必修和选修模块，小学期则到校外考察实践，包括大学和科研院所实验室、国外友好学校等。同时，学生能根据自己的专业兴趣和研究方向，分配到清华、北大、中科院高能物理所等 14 个实验室进行考察，了解科研工作的特点，初步培养基础实验操作能力、观察能力和思维能力等。

2010 年，北京 35 中与中科院科学技术协会合作办学，建立"35 中科技创新人才早期培养班"，开发适合青少年早期教育的科技课程。其中，课程设计框架包括基础必修课、综合选修课程、中科院科技系列选修课程、研究性学习课程、社团活动课程。同时，为了保证课程落实到位，成立了课程研制领导组、建立课程研制专家顾问组，并建立了课程发展激励机制。这一举措，是对培养青少年科学素养和创新精神，以及拔尖创新人才培养模式的探索。

同时，北京市科协从1996年开始实施《北京青少年科技后备人才早期培养计划》，面向高中一年级学生，遴选学有余力且有志于科学事业的学生，通过青少年进实验室计划、北京市青少年科技俱乐部活动和北京青少年科学探索专项资金三部分的活动，促进青少年创新思维、实验技能、问辩能力、团队协作等各方面综合素质的提高，为其成为真正的创新科技人才做好铺垫。

因此，建立适合我国创新科技人才早期培养的教育制度，开展相关的课题研究，摆脱创新型人才早期教育的误区，是当前的重中之重。

第四节　我国创新科技人才早期培育存在的问题

一、缺乏支持性环境

（一）缺乏国家层面的人才教育政策

由于特殊的历史环境和基本国情，中国的人才教育政策历来注重其普惠性、广泛性和基础性。1986年4月12日，第六届全国人民代表大会第四次会议通过了《中华人民共和国义务教育法》，规定义务教育是国家统一实施的所有适龄儿童、少年必须接受的教育，是国家必须予以保障的公益性事业，其具有强制性、免费性、普及性和世俗性的基本特点。

然而，创新型人才教育政策历来较少得到关注，究其原因，是因为其群体偏向性，并且平均教育成本要高于基础教育，这在尚未全面建成小康社会的当今中国引发了很多公平性顾虑。因此，在国家层面，缺乏对创新型人才教育政策的顶层设计,也尚未建立专门的人才教育机构。

(二)早期创新科技人才发现和选拔制度不规范

当前早期创新科技人才的发现和选拔,呈现两个特征:公共教育层面的应试化特征和非公共教育层面的逐利化特征。

在公共教育层面,早期创新型人才的发现往往成为教学行政化的政绩依托,而其选拔往往成为分配稀缺教育资源的借口和凭证。学校往往以培养特殊人才、尊重兴趣偏好、增强精准教学为噱头,寻访具有"偏才""怪才"等标签的儿童,赋予其入学资格或表面关注,以烘托其贯彻落实素质教育的政绩,但实质上没有认真地去发现创新型人才的本质内涵和培养需求;在选拔机制上,由于教育资源的稀缺性,学校往往以"加分项"制度为依托,为学生划分区分度,看似注重创新型人才的选拔,但其选拔依据又变成了另一种形式的"应试教育",最终又将压力传导回创新型人才本身,引发针对性的考试训练和课外辅导,使得创新型人才选拔机制浮于表面。

在非公共教育层面,早期创新科技人才的发现和选拔呈现明显的逐利化特征。以兴趣拓展和专才培养为宗旨的民办教育机构,其本质上仍是为学生竞争教育资源、获取入学资格、提高成绩分数提供帮助,各种眼花缭乱的课程设计,动辄收取昂贵的教学费用,使得此类教学变成了对公共教育的补充,不仅为家庭带来大额开支,也成为学生的新负担,这消解了家庭对真正具备创新型人才潜力的学生的发现和选拔。

2018年3月16日,时任教育部部长陈宝生在十三届全国人大一次会议记者会上表示:"要坚定不移从5个方面推进减负,砍断教师和培训机构在教学方面的联系以及各类考试、考评、竞赛成绩和招生的联系。一是从学校减负,加强科学管理,在教学各个环节落实减负任务。二是校外减负,主要是规范教育秩序,治理整顿各类培训机构。三是考试评价减负,要改变评价方式,完善学业考试办法,建立素质综合评价制度,不允许以分数高低对学生排名,不允许炒作高考状元。四是老师教学减负,老师要按照大纲足额授课。五是家长和社会减负,要提高教育素养,树立正确的成才观、成功观。"这种表述即是对当前公共教育缺位掉队、非公共教育乱象丛生的反思和表态。

(三)父母缺乏对孩子早期的创造力发现和培养的关注

家庭是孩子塑造价值观、世界观、人生观的主要环境。当前,由于广大人民群众对教育资源的迫切需要与不平衡、不充分的教育发展之间的矛盾,导致中国家长的观念多数存在目标取向和问题取向,即能获取考试分数为重、能解决学习问题为重、能获取更高的教育资源为重。

很多父母缺乏对孩子早期的创造力发现和培养的关注,主要是由于父母对于子女创造力缺乏足够的重视和科学的认识。大多数父母习惯于把创造力同晶体智力(即知识经验水平)等同起来,认为创造力是通过大量针对性的训练和竞争性的比赛所锻炼出来的一种能力,从而忽略了创造力本质上是晶体智力和流体智力(抽象的逻辑推理能力)相辅相成的结果。

强烈的目标导向,使得父母缺乏系统性的思维,以挖掘、开发和培养孩子的创造力。往往是父母所认为的孩子兴趣点,与孩子实际的兴趣点南辕北辙。或者由于父母所安排的频繁的、大量的、机械的训练,让孩子逐渐失去了对该事物的兴趣。

二、缺少有价值和有意义的学习任务

(一)缺乏一套合理的创新科技人才培养体系,无法适应当前的培养需要

制度性因素是创新科技人才早期培养的最大壁垒。上面提到的北京

市科协实施的计划，面向高中一年级学生，遴选学有余力且有志于科学事业的学生来进行青少年进实验室计划、北京市青少年科技俱乐部活动和北京青少年科学探索专项资金三部分的活动。但是我们可以看到，类似的这种机制存在三项弊端。

第一，政策力度太弱，无法成为政府的规范性公共政策。类似的机制往往由非强势部门来牵头，既无法得到财政部门的全力支持，也无法得到教育部门的全力配合，更无法进入地方政府的重点范围，这导致此机制缺乏延续性、协调性和强制性，很难保证落到实处；

第二，政策范围太窄，无法覆盖广大青少年。此类机制往往在中国的发达地区或区域中心城市才能得到支持和推广，但从总体受教育人群来看，是缺乏全覆盖的。创新科技人才的培育一直作为对优良的基础教育的辅助，所以由于地区之间发展的不平衡、不充分，导致教育水平的不平衡、不充分，很多地区都无心、无力、无意去致力于发现和培育创新型人才。

第三，政策深度太浅，无法真正落到实处。类似的机制往往最后演变为填鸭式教育，将科学技术知识进行单方面的输出，缺乏给学生营造一个发现自我、提高自我的环境，不注重学生的自主性，这也就导致很多实验室最后变为了重复单调实验的"游玩室"，而没有成为能够自我生长、迭代更新的"创新室"。

因此，当前的很多地方性培养机制，对于促进青少年创新思维、实验技能、问辩能力、团队协作等各方面综合素质，显得捉襟见肘，止步不前。

（二）评估学生能力的周期长，难以及时确认当前课程能否满足学生的需要

创新型人才早期培养的难点在于，无法精准、动态、及时地判断当前的培养路径是否适应于该学生，这是由创新型人才最需要因材施教和精准培养的本质特征决定的。因此，如果要准确评估一位学生的特长和能力，需要较长的一个时期，但在这个时期内的培养计划又可能产生偏差，反过来影响对学生的评估。这样一个交互影响的过程，导致了评估的不可控和不可测。

（三）父母对于孩子能力水平和教学内容的了解少

父母缺少与学校、孩子之间的互动和了解。父母对学校或老师的教学进度、教学内容、教学理念知之甚少，但又迫切地希望孩子成长成才，这导致有时候的关心和作为，与孩子的实际需求存在脱钩。并且父母对孩子的实际能力水平缺乏一个准确、科学、全面的认识，往往是管窥一处，以为全豹，就导致了以偏概全的情况。譬如父母看到孩子玩花式篮球，就以为孩子喜欢篮球比赛，从而为孩子申报大量的篮球训练班，但孩子的实际兴趣是在花式篮球而非篮球比赛上。最后孩子疲劳不堪，父母百思不得其解，其症结就在于此。

三、学生对自己的能力缺乏自信

第一，当前教师与学生的互动次数和互动质量相对较低，教师的鼓励意识较弱。鼓励是最好的动力，教育工作者对于教育对象的鼓励和支持非常重要。当前的教育氛围，主要是以知识的单向传输为主，较少有频繁深入的互动和认真持久的探讨。学生不敢提问、不敢质疑、不敢反驳，老师缺乏真诚鼓励和循循善诱。这导致学生对自身潜力和能力存疑，不敢敞开心扉挖掘自身的潜能，因此存在了很多"小时了了，大未必然"的情况，这即是环境驯化的结果。因此，缺乏教师的鼓励，学生与老师的互动次数和互动质量很难提高。

第二，父母缺乏对孩子自信心和创新人格培养的意识。客观来说，当今的中国家庭，广大父母在教育观上，多元性、开放性、包容性存在不足。父母往往会有意识地将某些行业、兴趣、行为认为是"正道"，而其他的某些不常见的兴趣爱好则认为是"偏门"，这种人为创造的价值鸿沟，让孩子很难能得到充分的鼓励和培养，也就无法塑造自信心。

第五节 创新科技人才早期培育的对策与建议

一、营造支持性环境

第一，制定国家层面的人才教育政策和专门机构。国务院所属的教育部、科技部等相关职能部门，应当针对当前创新科技人才培育的实际需求，成立相关的工作小组或者指导部门，出台面向全国创新科技人才工作的相关政策。地方各级政府应配套成立对应机构，层层落实，确保建章立制。有条件的地区可以探索建立专门的科技人才培育机构、学校、班级、小组等。

政策目标为：在保证基础通识教育的基础上，面向广大适龄受教育人群，发现、培育创新科技人才，通过有针对性的选拔和支持，为其提供帮助引导、帮扶鼓励，实现充分发挥创新科技人才的能动性、创造性。应当尊重、鼓励、支持人才的劳动价值和思考成果，并进行科学引导和资金扶持。

第二，建立正式规范的早期选拔机制，更早、更准确地发现创新科技人才。当前的体制机制藩篱在于，早期人才选拔仍停留在考试层面，通过各种选拔性考试的分数高低来决定对早期人才的培养，简单追求各种怪题、难题、超过学生认知水平太多的题。应当建立合理的机制，把一次性选拔分为阶段性选拔、把中心化选拔变为去中心化选拔、把目标性选拔变为开放性选拔，使得选拔的路径多元化，实现对人才深层次的挖掘。应当去除科技型人才选拔与入学、评奖、择校等之间的挂钩，以避免其本意被曲解。

第三，学校和教师应重视营造开放的课堂气氛。课堂环境是学生接触和认识世界的重要平台，应当鼓励学校和教师建立开放式的课堂，在有条件进行小班教学的地方，要探索性地推进课堂研讨、头脑风暴，鼓励学生表达不同的意见，给出不同的想法和思考。教学理念和教学价值的多元化，才能带来学生创造力的蓬勃发展。

第四，学校应推进学生基于数字平台的学习、探究和创新。信息化浪潮对传统教育模式的冲击和影响是巨大的，应当看到这种演变规律，推动学生利用互联网提供的便利性，增大学习的广度和深度。学校应该建立基于数字平台的交互式学习系统，鼓励学生在云端探索知识，并发现、发扬、发表自己的创新成果。学校通过数字平台，发现并掌握早期科技人才的思想动态和才能趋势，加以针对性引导，保护其知识产权和创新自主性。

二、创建有价值、有意义的任务

第一，学校必须重视科技教育课程和个性化课程的设计、开发和实施。在教学实践中，学校应当增大科技类、兴趣类课程在教学计划中的比重。当前，中国乃至全球正在进行新一轮的科技革命，只有在早期培育阶段就紧紧站在科学技术发展的最前沿，才能培养更多尖端科技人才。科技实践、个性化科学探索等课程都应纳入学生的主要培养计划中。学校或者跨区域教学共同体应当注重设计和开发更多科学可行的科技教育课程。

第二，学校需要定期评估学生的能力水平。教学反馈是评价教育质量和教学实绩的重要内容。学校应当定期检测学生的科学教育情况，获取学生的评价性意见，尤其是需要征求学生本人的真实意见。在此基础上，对学校的培养内容和培养方式进行合理的修正和提高，以符合学生的个人特征，建立符合人才发展路径的培养模式。

三、促使学生相信自己具备取得成功的能力和可塑性技能

第一，教师应当与学生保持积极互动，鼓励学生相信自身能力。学校应该在教师队伍中，有针对性地选拔一批全职或兼职教师从事科技人才的早期培育。教师应当在教育心理学的原则上，与学生保持积极互动，尊重学生的创新成果，与学生经常性讨论创新的可行性。在此基础上，教师应当定期撰写科技人才培养的专项报告，就专门的人才情况、培养计划等进行详细的说明，并需要对学生的心理和创造力进行针对性的引导和鼓励，注重学生的动机水平，与其父母进行沟通，共同协助学生自我调节。

第二，家庭的重视和培养。我们应当倡导这样的一种家庭氛围和理念，即多元、包容和鼓励，是孩子的创造力得到最大挖掘的保证。在家庭中，家长应该重视从不同视角、不同标准来看待孩子身上出现的所有现象，而不能简单地凭借自己的认知来干预。孩子天然具有渴望关怀和鼓励的需求，在一个充分向上的家庭环境中，有助于孩子培养发散性思维，也更有利于其科学能力的塑造。

本 章 小 结

创新科技人才早期培育是指在儿童时期和基础教育时期向具有创新

科技人才潜质的学生提供需要的教育，以拓宽他们的发展空间。其理论基于教育生产力模型、成就导向模型等模型。本章参考 AOM，提出了创新科技成果模型。该模型分为三个重要部分，即具备足够能力的人才、人才必须具备从事创新科技事业的动机、动机与自我调节之间相互影响。当前创新科技人才早期培育现状看，国外许多国家，建立了具有国家或地区特色的创新人才早期培养机制。我国现行的教育制度，总体上是应试制度为主，对创新型人才的选拔不尽如人意，但近年许多地区院校亦在改进与摸索。我国创新科技人才早期培育存在的问题主要有缺乏支持性环境、缺少有价值和有意义的学习任务、学生对自己的能力缺乏自信。因此，我们需要从营造支持性环境，创建有价值、有意义的任务，促使学生相信自己具备取得成功的能力和可塑性技能方面进行改进。

第五章 创新科技人才培训与开发

第一节 概念界定

关于创新科技人才培养与开发，至今还没有统一的界定。创新科技人才的工作具有高度的探索性、创新性、交叉性、复杂性和综合性。为了适应工作要求，创新科技人才需要具备较强的创新能力。创新能力是一种综合素质和能力，是创新科技人才在丰富的知识和开阔的视野基础上，通过创新思维，运用创新技巧和已有知识结构，产生新思想，提出并解决新问题，通过创造性的实践活动，创造新产品、新技术或新方法的能力（孙远芳，2014；林健，2012）。创新能力包括发现新问题和新事物的能力，提出解决问题的新思路或新方案的能力，将思路或方案付诸实践并取得创新性成果的能力。因此本书认为，创新科技人才培养与开发是指运用各种培养方法和培养模式，培养和强化创新理想，优化知识结构，引导和训练创新思维，强化创新意识，培养所需的个性心理特征，全面提升创新科技人才创新认知能力和创新实践能力的过程。

第二节 理论基础

一、经典理论

心理资本起源于美国著名的心理学家 Seligman 发起的积极心理学运动，2005 年 Luthans 在研究积极组织行为学的基础上首次提出了心理资本理论概念：心理资本是个体一般积极心理中的核心心理因素，既超越了人力资本和社会资本，又符合积极组织行为学标准的心理状态，并能够通过对组织成员心理资本的测量、管理和开发，使组织成员提升心理资本，从而获得竞争优势。目前关于心理资本概念的研究主要有三种观点：特质（trait）论、状态（state）论和综合论（杨健，2010）。其中，特质论认为心理资本是作为个体的内在特质而存在的。在 Hosen（2003）提出的观点中，他将心理资本界定为个体通过学习等途径进行投资后获得的一种具有耐久性和相对稳定性的心理内在基础构架。更有一些研究者将心理资本等同于"大五人格"，认为心理资本就是人格特质，是个体行为的重要影响因素，心理资本是先天与后天共同作用的结果。本书从特质论的角度来研究创新科技人才的培养和开发，以创新科技人才的素质模型为主要的培训内容，构建创新科技人才的培训体系，提升创新科技人才的心理资本，提高创新能力。

二、创新科技人才培养与开发的研究综述

（一）关于科技创新人才的素质特征的研究现状

要培养创新科技人才，首先要清楚创新科技人才应具有哪些素质特

征。关于创新科技人才素质特征的研究，学术界存在不同的表述。早在2001年范秀兰从动力系统和智能系统两个角度提出，创新科技人才要有创新理想、创新情感、创新兴趣和创新意志，强调创造性的认识能力和创造性的实践能力。刘晓农（2008）从智力因素和非智力因素两个视角，提出创新科技人才在认知特征（知识结构、观察力）、思维特征（发散思维、联想思维、直觉思维、逆向思维、灵感思维）和个性心理特征（创新意识、创新动机、创新情趣、创新精神、自信心和合作精神）三个方面的具体表现。王广民（2008）对84名创新科技人才的访谈资料进行编码分析，并结合50位学者的看法，经过频次处理，提炼了创新科技人才的54种关键特质，认为创新意识和创新能力、深厚的专业积累与稳定的研究方向、敏锐的观察力、严谨的方法和系统思维能力是创新科技人才的4个典型特质。崔颖（2012）进一步对这54种关键特质进行筛选和综合分类，并对河南省郑州市部分创新科技人才进行访谈，形成了对创新科技人才创新能力评价的模型。该模型强调创新科技人才的创新思维能力（逻辑思维，直觉思维、灵感思维等非逻辑性思维，联想性思维和批判性思维）、知识能力（本学科的前沿知识、专业知识深厚、知识面广）和个性特质（好奇心强、执着、坚韧不拔的意志、实事求是、求知欲强、自信、勇于挑战自我、标新立异、协作精神、自我提高的能力）。王君华和华涛（2015）也认为协同创新意识与员工创新能力提升呈正向影响关系。此外，林健、陈士俊和黄涛等学者也从不同角度提出了创新科技人才的素质特征，大多数学者都对创新理想、创新思维、知识结构、创新意识和个性特质有不同程度的关注。综合以上观点，结合我国创新科技人才的实际情况和培养目标，本书提出创新科技人才的素质特征培养模型，如图5–1所示。

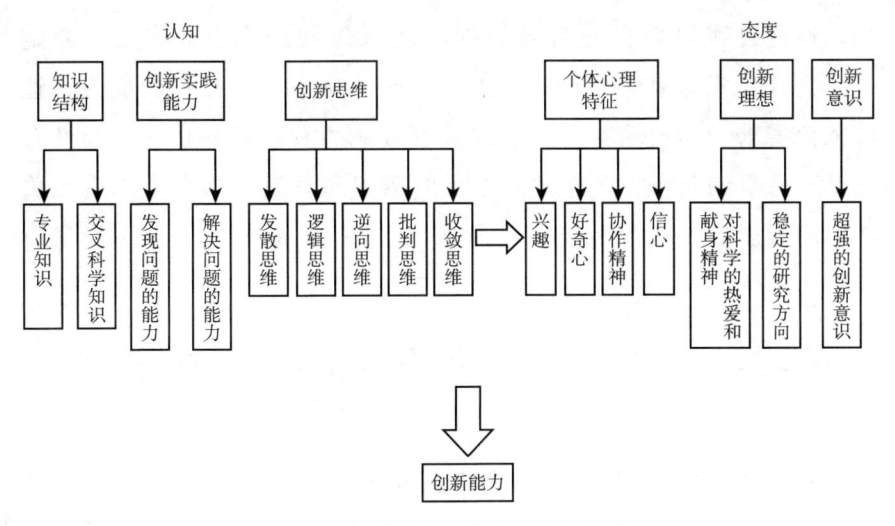

图 5-1 创新科技人才的素质特征培养模型

（二）关于创新科技人才培养与开发的研究现状

鲍志伦和王晓（2011）研究了美国、英国、日本等国家和北京、上海、广东等省市创新科技人才的开发，发现其他国家和省份对创新科技人才的培养给予了高度的重视，政府对创新科技人才的培养投入了大量的经费，制定了创新科技人才培养的长远计划，提供了能够让科研人员专注于自己所喜欢的研究事业、没有过分心理和工作压力、气氛宽松和管理灵活的科研环境。王勤明和尚鑫（2011）提出要多途径培训提高创新科技人才的创新能力，比如有计划送学深造，支持参加高层次学术活动，加大交叉任（代）职任务和重大任务牵引催生等。白雪（2012）提出了五种创新科技高端人才培养模式：科技项目带动模式、团队互动培养模式、学科交叉融合模式、同行竞争激励模式和自主学习成长模式。胡军（2017）提出通过自我培养，学校培养和继续教育的创新科技人才多元化培养路径，通过自我培养提升自身的创新能力与创新意识，准确自我定位，提升自我约束能力和思想素质，提升自身的科技创新能力，适应社会需求。学校培养主要是提升创新能力和创新意识。继续教育就是对从事创新科技工作的人进行的培训和开发，这是本书重点关注的内容。

第三节 创新科技人才培养与开发的现状与问题

一、创新科技人才培养与开发的现状

从2003年我国召开第一次全国人才工作会议开始，我国持续关注国家人才竞争比较优势，提出了一系列重要举措。特别是党的十八大以来，各级党委政府深入贯彻落实《国家中长期人才发展规划纲要（2010~2020年）》，以国家"千人计划""万人计划"为统领，实施了一批符合地方创新驱动发展需要的科技人才计划。在科技人才队伍建设方面做了探索。

据《中国科技人才》杂志统计，2010~2017年，全国组织实施的省级科技人才计划共151项。各地组织实施的科技人才计划，与国家"千人计划""万人计划""创新人才推进计划"等国家计划形成了梯次配置。各地科技人才计划经费的持续投入已达到246.5亿元，培养引进创新创业科技人才约6.77万人。各项有力措施使我国人才工作取得蓬勃发展。

（一）"人才环流"现象

"人才环流"——即优秀的人才最终会回到自己的祖国，并不是完

全"遗失"到其他国家。"人才环流"包括出生成长在国外和出国之后回归的人才,"人才环流"是创新生态系统的重要组成部分。加州大学伯克利分校经济地理学家安娜利·萨克斯尼亚(Annalee Saxenian) 在其著作《新时代的科技冒险家》写道:"新时代的科技冒险家生于国外,拥有精湛的技术,常常穿梭在硅谷和自己的祖国之间"。2017年6月,根据 Look in China 联合 GUCCU(全球名校中国职业发展联盟)发布了《2017海外人才就业分析报告》,截至2015年年底,我国留学回国人员总数达221.86万人,近5年年均增长21.75%,成为我国创业创新的一支重要的生力军,如图5-2所示。另外,根据对15万全球海外大学留学生、归国海归人才及1000家企业的调查显示,2017年留学生选择回国的人数预计突破60万,这个数字明显超过了今年出国留学的人数。

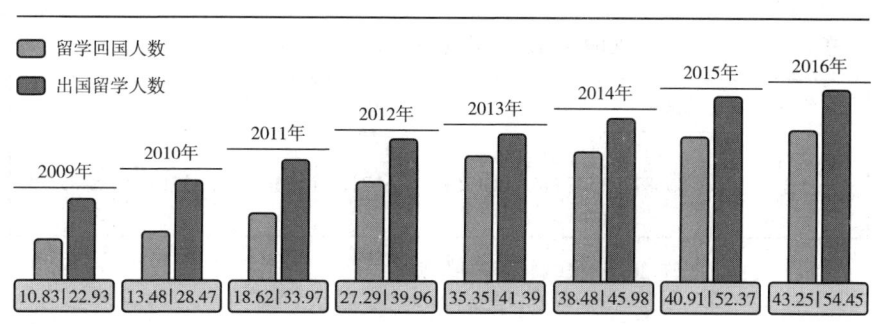

单位:万

年份	留学回国人数	出国留学人数
2009年	10.83	22.93
2010年	13.48	28.47
2011年	18.62	33.97
2012年	27.29	39.96
2013年	35.35	41.39
2014年	38.48	45.98
2015年	40.91	52.37
2016年	43.25	54.45

图5-2 2009~2016年中国出国留学人数和留学回国人数对比

自2008年国家"千人计划"实施以来,截至目前,各地区、各部门已经通过各类引才项目累计引进高层次人才超过4万名,引进教授层次的人才数量达到1978~2008年引进总量的20余倍，带动形成了新中国成立以来最大规模的海外人才回归潮。

根据相关研究，"人才环流"现象的主要原因是：国内良好的经济发展态势、稳定的政治环境、不断优化的就业创业环境、国内安全指数较高（相对国外恐袭）。

（二）创新科技人才分布情况

从数量上看，逐年增多。2009~2015年全国R&D人员的总数量可见表5-1。从表中可以看出，我国创新科技人才逐年增多，且增长趋势比较平稳。我国在科技人才资源中，高层次的创新人才仍然短缺，尤其是能够把握世界科技前沿、做出重大科技创新成果的战略科学家、尖子人才和领军人才尤为匮乏（龙晓云，2015；单晓岩，2014；张慈，2014；胡军，2017）。

表5-1　　　　　　2009~2015年全国R&D人员统计表

年份	2009	2010	2011	2012	2013	2014	2015
R&D人员（人年）	3183687	3542244	4017578	4617120	5018218	5351472	5482528

注：数据来源于2016中国科技统计年鉴。

从执行部门看，主要分布在企业。如图5-3所示：企业的R&D人员占全国R&D人员的绝对多数，而R&D机构的R&D人员所占比重非常小。

从地区看，东部地区具有R&D人才的绝对优势。如图5-4所示，东部地区R&D人员占全国R&D人员的绝大多数，对人才有吸引力。其次是中部地区，而西部地区仍比较缺乏人才。

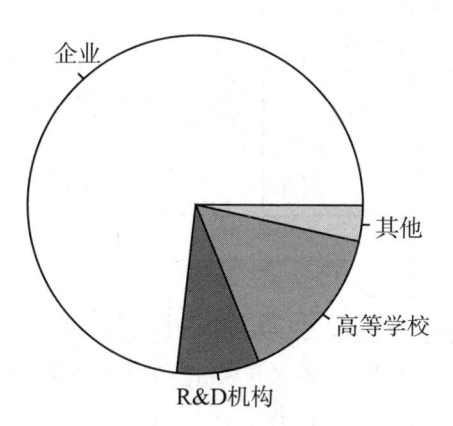

图 5-3 R&D 人员按执行部门饼分图

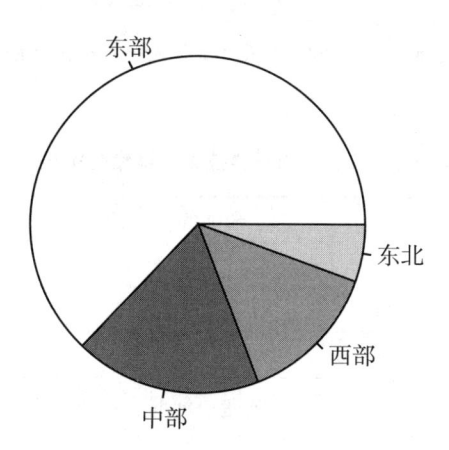

图 5-4 R&D 人员按地区饼分图

具体全国各省市 R&D 人员聚类和创新科技人才聚集分类可见图 5-5 及表 5-2。

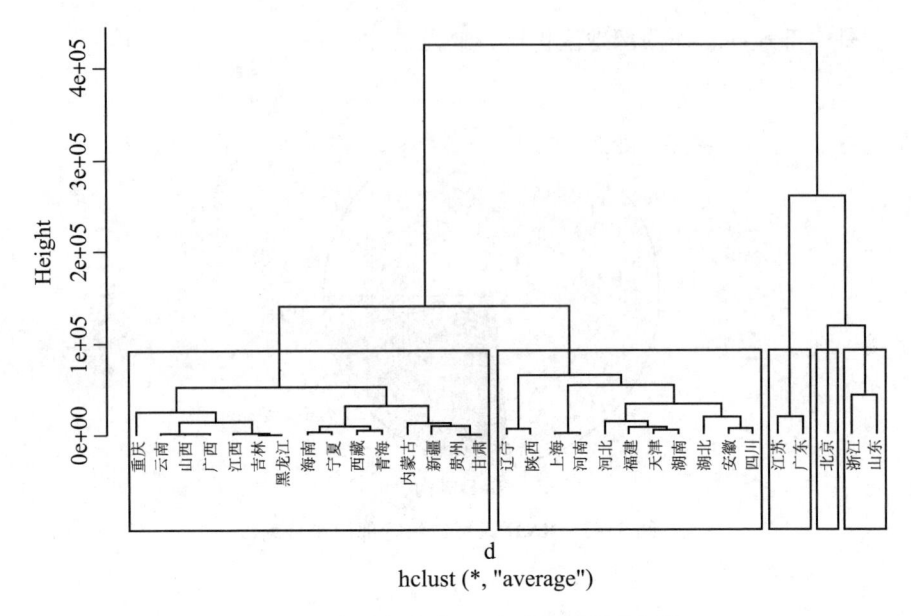

图 5-5　全国各省市 R&D 人员聚类分析图

表 5-2　　　　　全国各省市创新科技人才聚集分类表

	全国各省（市、区）
第一类	北京
第二类	浙江、山东
第三类	江苏、广东
第四类	辽宁、陕西、上海、河南、河北、福建、天津、湖南、湖北、安徽、四川
第五类	重庆、云南、山西、广西、江西、吉林、黑龙江、海南、宁夏、西藏、青海、内蒙古、新疆、贵州、甘肃

（三）国家出台一系列人才计划

目前国家级的人才计划形式多样，常见的分类有三个梯队。第一梯队：万人计划，杰出人才和顶尖千人。理论上顶尖千人是诺奖级，万人杰出是"有诺奖潜力"，实际上全职回国的顶尖千人暂时没有诺奖，所以两个实际上是平级。第二梯队：千人计划，长江学者，国家杰青，新百人计划 A 科技帅才，即"国外终身正教授"和"相当于院士待遇"的人才。第三梯队：青年千人、青年长江、万人计划青年拔尖人才、优青、新百人计划 B 技术英才、新百人计划 C 青年俊才。其中，万人计划是中央组织部面向已经在国内高校或研究所工作的人员的培育计划，类似于一个人才库，会给予资金支持；千人计划是中央组织部引进海外人才（一般是在海外高校拿到教职的人才）的引才计划；百人计划是中科院的引人计划；青年千人计划是引进在海外的博士毕业生或者博士后。

（四）国际交流频繁

随着经济全球化的不断深入发展，我国加强了在科学技术创新前沿领域的交流与合作。通过联合攻关、协作创新等方式锻炼、提高和培养创新科技人才。同时，我国同各国间的校际合作与交流不断加强，参与国际名校间的合作与交流，采取派出去、请进来或联合培养等多种形式，多渠道地培养了各类创新科技人才。根据《中国留学发展报告（2016）》调查数据显示，海归创业最集中的六大领域分别是新生物工程/新医药、新一代信息技术、贸易/批发/零售业、高端装备制造、文化创意产业、节能环保。

被调查的海归创业者表示，自身的创业优势主要体现在与海外互动上，包括更容易在海外市场建立分销渠道、获得海外风险投资、获得海外研发合作伙伴、与海外企业建立密切联系等。他们认为，国内创业的优势是客户资源、技术资源、政府资源较为丰富。

(五) 科技经费投入力度大

如图 5-6 所示,2009~2015 年国家的财政科技拨款和 R&D 科技内部经费支出逐年增加,这充分说明国家对科技的重视。

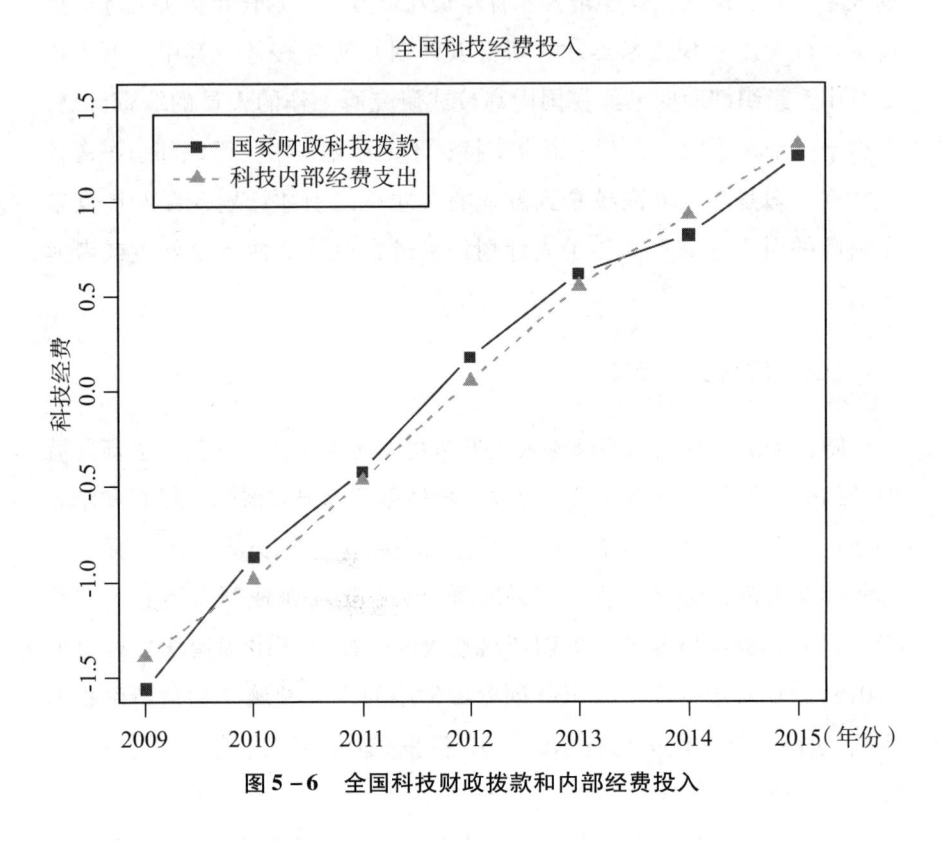

全国科技经费投入

图 5-6　全国科技财政拨款和内部经费投入

(六) 科技研究成果丰硕

2009 年以来,我国取得了较多的科技成果,特别是在专利上,我国的专利受理数、专利授权数和有效专利数逐年增加,见表 5-3。

表5-3　　　　　2009~2015年国内申请专利授权数　　　　　单位：件

	2009年	2010年	2011年	2012年	2013年	2014年	2015年
专利受理数	877611	1109428	1504670	1912151	2234560	2210616	2639446
专利授权数	501786	740620	883861	1163226	1228413	1209402	1596977
有效专利数	1193110	1825403	2303015	3005023	3635929	4032362	792356

注：数据来源于《2016中国统计年鉴》。

二、创新科技人才培养与开发存在的问题

从杰出创新科技人才世界分布比例可以看出：中国在计算机、物理和数学领域排名靠前，竞争优势明显。美国能源部长朱棣文提出，中国在高铁、电动汽车、超级计算机、可再生能源、清洁煤利用、高压输电、核能7大领域可与美国较量，且已优先于美国。但是我国创新科技人才培养和开发仍存在较多的问题（王通讯，2013），主要集中在：

第一，科技学术质量有待提高。创新科技人才的质量指创新科技人才所具有的体质、知识结构、洞察力、创新思维和创新能力，可以用健康状况、教育状况、专业知识结构，创新能力等来衡量。而创新能力主要表现为创新认知能力和创新实践能力，即创新科技人才运用自己的知识进行创造性活动并形成创新性成果的能力。单国旗（2009）和徐亚楠（2014）分析了我国科研人员的国际论文的影响力，发现虽然总数量排名靠前，但被引用的次数较低。比如2016年，我国论文数量1692302篇，被引用的次数为14206735篇，论文引用率为8.39%，这其中大部分是中国人自己引用的。可见影响力依然很低，这表明我国科技人员总体的科研质量与世界水平存在明显的差距。从2016科技人力资源的构成看，博士学历的有357146人，硕士学历的有804867人，本科学历的有1605228人。也就是说具有本科及以上学历的科技人力资源

只有2767241人，只占全部科技人力资源的50.47%。

第二，对创新科技人才"人岗匹配"的研究不充分。高层次的创新科技人才都受过严格的高等教育，具备深厚的学术背景和科研能力，性格独立，意志坚定。从收入上看，在海外都属于中等以上收入群体，对金钱没有强烈的欲望。因此，在考虑了个人因素、环境因素（家庭、社会）基础上，在学术背景和能力之外，从组织领导学角度，应该对他们进行人格特质、心理测试和团队协作能力测试等评价；了解他们的核心需求，进而通过有效的人力管理，达到更好的"人岗匹配"效果。

当前，许多归国创新科技人才被委以行政职务，这样的结果是，创新科技人才往往会被行政职务所困扰，行政工作将占用创新科技人才许多的精力，进而也会影响科研工作的效率与效果。另外，"论资排辈"的用人制度，也会制约创新科技人才的成长。

第三，创新科技人才流动不平衡。人才流动现在虽然已成为趋势，但是由于人类的趋利心理以及中国人"一个岗位干一生"的固有思维，导致依然存在不平衡现象，与国外15%～20%的流动率相比，我国3%人才流动率显然偏低。一是地区间流动不平衡。老少边穷地区人才流失严重，加剧了区域间人才发展的不平衡，大量人才留在北上广深等一线特大城市寻找工作机会，而不愿意到其他欠发达地区就业，又或者通过各种方式从中西部到东部发展，从贫困地区考出来的大学生，毕业后绝大多数不愿回家乡就业，而到西部发展的人数远远无法满足西部发展的需要，对中西部的企业和科研院所而言就是人才流失，相对欠发达地区领军人才仅为发达地区同类人员的50%左右。二是企事业单位间流动不平衡；越是好的企业越能招到人，有潜力而缺乏足够实力的企业不容易招到合适的人才，外资企业的进驻也吸引了当地的高层次人才，对当地企业而言也会造成巨大人才损失。

第四，创新科技人才计划体系建设不完善。从目前全国各地已实施的创新科技人才计划分析，有些地区既考虑了涵盖各类创新创业人才的综合计划，也有针对特殊人才的专项计划。这些计划在目标任务、对象培养、政策扶持、措施支持等方面有一定的交叉重复，而且由于行政部门的交叉管理，各自实施，导致资源的浪费和衔接不够，在一定程度上还存在重复申报和重复支持等现象。另外，对青年创新科技人才，仍有少部分地区重视不足，没有设立相应的支持计划。当然，由于人才是自由流动的，很多欠发达地区即使设立了人才计划，也难以和发达地区相比，较难吸引到创新科技人才。

第四节 创新科技人才培养与开发的对策和建议

当前，我国创新科技人才培养和开发存在较多的问题，相关措施落实不够具体，严重影响了我国创新科技人才培育的成效。为了更好地培养和开发创新科技人才，需要营造和培养良好的学术氛围，注重培养创新科技人才良好的人格修养和品德修养，使创新人才有执着的追求和献身科技的精神。

一、创新科技人才培养与开发的内容

（一）创新理想

正如钱学森所说，科学研究工作的过程是很曲折的，要准备付出劳动，准备出汗。创新科技人才要坚守科技工作岗位，专注于创新科技的工作而不被浮华和利益所诱惑，需要有强大的创新理想作为支撑，需要对科学的热爱和强烈的献身精神。因此，对创新科技人才的培养要继续强化创新理想的培育。有了明确和坚定的创新理想，创新科技人才选择

稳定的研究方向，在自己的专业领域不断深入研究。因此，创新理想是推动研究人员进行科技创新的动力。

（二）知识结构

专业知识的学习在学校教育阶段只是打下了基本的理论基础，对于前沿性的知识和发展变化的专业知识，需要创新科技人才在工作中不断更新和发展。为了适应研究工作的需要，创新科技人才要在与自己专业相关的几个科学领域内，获得一定广度与深度的交叉学科知识，创新科技工作才能有灵活的思路。河海大学丁长青教授研究了美、德、日、新加坡等国的创新科技人才培养措施和经验，指出知识交叉与学科重组是培育高层次创新科技人才的有效途径。因此，创新科技人才的知识结构需要扎实的专业知识，专业的视野和交叉学科知识。此外，由于创新科技人才需要随时获取科学前沿知识，参加国际交流和活动，把研究成果撰写成研究报告和论文在国际上报告或发表，因此特别强调外语能力的培养。

（三）创新思维

创新思维是以创新科技人才的知识和经验为基础，对相关信息进行处理、分析和提炼，从新的角度发现和提出问题，综合运用各种思维方式，提出解决问题的新思路、途径或方法的思维过程。创新思维是科技创新的灵魂，不论是科学发现还是技术发明，都离不开创新思维。对创新科技人才来说，特别强调逻辑思维、逆向思维、收敛思维、发散思维和批判思维。

逻辑思维是指利用概念、借助语言符号进行思维的方法，与形象思维和抽象思维一样，是科技工作者必备的思维能力。钱学森认为，科学上的创新仅靠严密的逻辑思维是不行的，创新思想往往开始于形象思维，从大跨度的联想中得到启迪，然后再用严密的逻辑加以验证。逆向思维是指用反向探求的方式进行思考的思维方法，是朝着与人们正常的、习惯的、合乎情理的思维相反的方向进行的思维方式。要求创新科技人才改变常规的思维模式，用截然相反的新思路、新视野和新方式，发现、分析和解决问题，以求获得创新性的成果。发散思维是指从一个问题出发，发挥想象力，沿着各种不同的方向思考问题，以寻求多种解决问题的新思路、新方法的思维方式。发散思维广泛存在于创新活动中。批判性思维是指用挑剔的眼光、否定的方式、批判的角度看待、思考、分析和研究问题的思维方式。创新科技人才只有通过否定、再否定的方式看待自己的工作成就，以永不满足的态度对待各种现有的研究成果，才能够创造性地提出更多的创新思路、发展目标和行动方案，获得更多的创新成果。

（四）个性心理特征

创新科技人才首先必须是心理健康、人格健全的人。否则不仅不能成为一个合格的创新型人才，反而有可能成为社会的祸害。此外，创新科技人才还需要有兴趣，好奇心，自信和协作精神等个性心理特征。兴趣、爱好可以最大限度地激发人的积极性和创造热情。人们从事自己感兴趣的工作，会思维活跃、想象丰富、精力充沛。只有对科技的创新具有强烈兴趣，才能获得追求创新的长久激励。贝弗里奇认为只有那些对发现抱有真正兴趣和热情的人，才会成功。只有对自己的事业具有极大的兴趣和热情的人，才会想尽办法克服困难，即使遭到挫折和失败，也能坚韧不拔。对科技的创新是一个艰辛的过程，需要付出常人难以想象和难以忍受的汗水。丁肇中认为从事科学研究，最重要的是兴趣。有不少科学家所从事的科研领域是他们从小就有着浓厚的兴趣，如络合物化学家陈荣梯，中学就对化学有强烈的兴趣。

难以满足的好奇心，寻根究底的怀疑精神和强烈的求知欲望是从事科学创造活动人员的基本心理特征。具有强烈好奇心和求知欲望的科技人才，不受传统观念的束缚，能从常人看来司空见惯的现象中看出不平常的东西，促使观察力敏锐化，标新立异。相反，如果一个人对大自然的奇妙现象视而不见，不惊奇，麻木不仁，无动于衷，没有怀疑精神，那么他无法突破现状。王选认为好奇心、研究难题和挑战带来的吸引力、取得突破后对科学或工业可能产生的深远影响，是科学研究的真正动力。

创新科技人才的自信让他们相信自己的思想，相信自己所确认的东西最终也会被他人认可。自信推动创新科技人才进行积极性幻想，不断地扬弃自我、超越自我和激励自我。巴斯德进行蚕病研究。研究进展极为缓慢。时间过了很久，但是防治蚕病的工作并没有什么进展，蚕户养的蚕一天一天大量地死去。有人抱怨化学家处理不了防治蚕病的事，甚至有人说科学家不过是国家拿纳税人的钱养着的"寄生虫"。但巴斯德对防治蚕病有坚定的自信，经过他坚持不懈的努力，最终取得了成功。自信可以让创新科技人才坚持所追求的目标，克服科研工作中的一切艰难和困苦。

创新科技人才还需要有协作精神，那种只想个人冒尖，不善与人合作的人，很难做出大成绩，即使取得一时成功，也会因此造成失误。现代科学学科门类多、学科知识更新快，仅凭一个人的知识和经历，在自己的专业领域内完全靠个人取得有影响的科技创新成果，是极少的。中国"两弹一星"的研制就集合了全国的力量。

（五）创新意识

创新科技人才必须具有超前的创新意识，摆脱传统思维和传统观念的束缚，保持旺盛的创新意识和活跃的思维状态。创新性地对事物未来发展可能出现的趋势、状态和结果进行推理和预见，想别人未曾想过的问题，做别人未曾做过的事情。主动地改变生搬硬套的教条主义思想，辩证地思考和分析问题。创新科技人才的工作具有很强的探索性，它需要走前人（别人）没有走过的路，做前人（别人）没有做过的事，提出前人（别人）没有提出过的想法和见解。要做到这些，就要求创新科技人才具有超前的创新意识。

（六）创新实践能力

创新是一个长期学习、思考、调查、实践积累和再思考的过程，创新需要独立思考，更需要调查研究和科学实验。科学研究必须证实，不能空想，科学要基于事实并接受事实的检验。创新科技人才是在实践中不断成长的，在实践中提升科学实验的能力，在实践中不断提高发现问题、分析问题和解决问题的创新实践能力。

二、分层次创新科技人才培养体系

（一）第一层次：高等教育

1. 扩大创新科技人才招生规模

随着教育改革的不断深入，国家在国民教育体系投入了巨额的经费。从本科教育开始，就要扩大科技相关专业的招生规模。可以效仿民办学校招生策略，制作精美的宣传册进行现场宣传。也可以制作相关视频，放到网上，让学生高考结束后在线观看。此外，也可以利用微信扫一扫或者制作专门的APP，让参与高考的学生获得通道，有空的时候可以进一步地了解。随着市场化不断深入，各行各业都在抢人才，创新科技要抢占人才的制高点，必须多管齐下，增强对人才的吸引力和人才对创新科技的知晓度。高考的招生规模，很大程度决定了日后创新科技人才队伍的规模，一个学文科的本科生，一般难以跨专业到创新科技相关专业进行深入学习。科学家走进课堂，给学生讲科学发现和发明，能够很好地激发学生的兴趣和好奇心。让学生尽早接触创新和科技，有利于催化学生的创新理想。创新科技人才有了明确的创新理想，会主动地选择相关的科技专业进行深造，获得专业知识和素养，为日后的分层分流培养做准备。

2. 优化专业教育

进入大学（本科）教育体系后，要构建科学与人文并重的课程设置体系，注重创新科技人才的全面发展，采用富有启发性的教学方法。在创新理想的驱动下，学生选择创新科技相关专业进行学习。在专业教育阶段，一方面要让创新科技人才掌握扎实的专业知识，全面提升学习能力，为日后的创新工作打下知识基础；另一方面又要培训创新科技人才的创新思维。关于创新思维的培训方法，主要有：

（1）智力激励法（又称头脑风暴法）。1936年由奥斯本提出，采用会议的形式，参会者围绕特定的议题，激发灵感，发表各自的见解，互相间不加讨论，在短时间能获得大量的观点。

（2）检核表法。最著名最受人欢迎的，广泛应用的是奥斯本检核表，针对要解决的问题或发明创造、技术革新的对象，找出相关的因素，获得解决问题的方法或发明创造的新设想，最终实现发明创造的目标。

（3）和田十二法。是一种思路提示法，创新的技法有加－加，减－减，扩－扩，缩－缩，变－变，改－改，联－联，学－学，代－代，搬－搬，反－反，定－定。

（4）六项思考帽法。这种思维训练模式提供了"平行思维"的工具，避免将时间浪费在互相争执上。强调的是"能够能为什么"，而非"本身是什么"，目的在于寻求一条向前发展的路，而不是争论谁对谁错，使混乱的思考变得更清晰，使团体中无意义的争论变成集思广益。

主要包括蓝色：指挥；白色：事实；黄色：优点，机会；黑色：缺点，风险；绿色：提出建议，创造力的构想；红色：直觉和判断。

（5）替代法。用一种成分代替另一种成分，用一种材料代替另一种材料，用一种方法代替另一种方法，即寻找替代物来解决发明创造问题的方法。

（6）溯源发明法。通过对现有的发明创造追根溯源，找到创造源，再从创造源出发，进行发明创造的一种技法。这种方法适用于一切领域的发明创造活动，谋求发明创造的新途径，对原有事物进行原理上的更新换代，是发明实现功能的新的形势和手段。

（7）金鱼法。是一种克服思维惯性的方法，源于俄罗斯普希金的童话故事《金鱼与渔夫》，它区分幻想式解决构想中现实和幻想的部分，再从幻想的部分继续分出现实与幻想两部分，反复进行这样的划分，直到问题解决，构想能够实现为止。

列举法、联想法、组合法、九屏幕法、小人法和STC算子法等训练创新思维的方法也很有实用价值，在实际培训工作中可以结合具体的对象进行选择，以实现提升创新科技人才创新能力的目的，提高创新科技人才的质量。

创新科技工作的项目一般复杂性很大，任务非常艰巨，工作的性质决定了靠个人能力强或想单干是不行的，必须有协作精神。因此，在专业教育的同时，应加强对创新科技人才协作精神的培养。可以通过让创新科技人才进入一个科研项目，在项目实践中让学生体会到团队合作的重要性，培养合作精神。

（二）第二层次：职场教育

1. 派遣创新科技人才参加国内外高层次的研修班

选拔优秀拔尖人才到发达国家相关企业、科研院所、高校进修或访学。组织国际同行业的协作，定期或不定期地举办培训，创造条件，与国外著名大学、企业集团或国际基金组织合作，联合培训跨世纪的优秀拔尖人才。国家公派留学是我国培养拔尖创新人才和各类紧缺专业人才、促进科技自主创新、扩大国际影响力的重要途径。国家公派留学在技术研发、学科发展、人才培养、合作平台搭建、论文发表、国际交往意识增强和交往能力提高等方面发挥了重要作用。支持和鼓励青年人才参与国际协作、跻身国际舞台。国际化已经成为高层次创新科技人才成长的必经之路，但必须有相应的约束机制，防止人才流失。

合理的人才流动是必需的，但是核心人才不可流失。针对当前我国科技人力资源出国人员数与回国人员数差距较大的情况，要采取行之有效的措施来避免。一方面，通过爱国主义教育，情感留人，事业留人，宽松的学术环境留人；另一方面，也要通过一定的强制手段，避免科技人力资源的流失。比如，可以对科技人力资源设定等级，达到一定级别的科技人力资源实行重点关注和管控。

2. 参加国内外重要学术交流与合作

通过承办国际学术会议，掌握科技前沿信息，在国际学术界的最前沿开阔眼界，转换思维，提升能力。韩国把吸引国际会议在韩召开，作为跟踪国际科技前沿的重要渠道。推进国际合作研究，网罗国际科技人才。此外，高校要出台有效的激励和支持措施，鼓励青年人才领导、参与国际科技合作研究和大科学工程，激励青年人才参加重大国际学术交流活动，保证他们在海外学习、培训和开展合作研究期间的升职机会及福利待遇，为他们安心学习和深造创造条件。

3. 倡导"导师制"培养模式

据研究，1901~1972年美国科学界92位诺贝尔奖获得者中有48人曾在前辈获奖人手下当过学生、博士后或助手（王勤明、尚鑫，2011）。在20世纪的最后30年间，美国共有115位科学家获得诺贝尔奖，其中2/3

是靠这种模式培养出来的。博士后或访问学者研究时期合作导师的学术荣誉与学术地位对科技人才日后学术发展有着重要影响，这是名师出高徒的另一种形式。创新科技人才的培养采用导师制。导师制是以导师为中心，重在导师的指导，在师徒互动过程中，学生成为能够传承导师衣钵又不断创新的人才。通过导师的言传身教，能够更好地培养创新意识、创新精神，全面提升创新能力。我国的一些杰出数学家，也是在他们年轻时被老一辈数学家发现和帮助他们成长起来的。尽管有些新人在科学成就上超过了老师，他们老师的功绩还是不可磨灭的。著名数学家苏步青倡导并实现了培养学生超过自己的目标，被称为"苏步青效应"。在数学界、物理学界、医学界，"名师出高徒"的培养模式成绩比较突出。

4. 通过"项目制"提升创新实践能力

"项目制"是指在组织有计划的领导下，把具有培养前途的青年后辈，安排到一个项目、一项任务或者一个重大工程里学习、磨炼、提高。现在比较一致的叫法是"依托重大工程培养青年人才"。孙家栋院士说："中国航天科技集团公司把有潜力的好苗子放到不同型号和单位项目进行多岗位锻炼，注重在重点型号研制、重大技术攻关中培养创新人才"。他特别推崇项目制这种创新科技人才的培养模式。正如青年学者孙锐所言，一名优秀的创新科技人才，需要具备一定的知识体系和能力组合，静态的知识技能可以通过学校教育和专业培训获得，而动态的创造性能力则需要在解决实际问题中锻炼培养。

5. "创意制"开拓创新科技人才的职业方向

"创意制"围绕人才本身的有价值的创意，逐步深入，终有突破，也称为"人才导向"模式。国家或基金会等对有价值的探索性研究的投资就是这种模式。英国医学研究会支持的生物系统分子结构研究，20年间出现了12位诺贝尔奖获得者。以人才的创意为导向，不以任何人的指令为遵循，凭借的是有洞察力的学者对有价值的人的创意的选择与支持，然后给以资金保障。显然，在这里"洞察力先于应用"。这一模式为培养高层次的拔尖人才提供了宽松的研究氛围，有利于创新科技人才职业的多元化发展。

（三）第三层次：自我学习

1. 涉猎交叉学科知识

创新科技人才在工作之余，应不断地自我提升和发展。现代科学和技术的复杂性，单一学科知识远远不足以透过现象了解事物的本质。而且要想有新的思路和新的视角，必须打通学科间的屏障，形成跨学科的知识体系，为灵感的产生提供知识储备。

2. 强化创新意识

要不断地发现新问题，提出解决问题的新思路，创新科技人才就要时刻保持强烈的创新意识。创新科技人才要靠自己不断地强化创新意识，时刻保持活跃的思维状态，最终内化成自己的专业素养。这样，才能走前人（别人）没有走过的路，做前人（别人）没有做过的事，提出前人（别人）没有提出过的想法和见解。

3. 增强自信心

接受了专业化的教育，职业发展过程中又经历多种形式和多途径的培训，加上自我学习和提高，创新科技人才应不断地进行自我心理暗示，进行自我激励，增强自信心。

本 章 小 结

探讨创新科技人才的培养开发意义重大，只有在思想上对不同的人才培养开发模式持有全局性的、清晰的认知，才能在实际工作中提高人才培养与开发的针对性。本章从创新科技人才的素质特征模型出发，全面研究了创新科技人才培养存在的问题，问题主要有四个方面即科技学术质量有待提高；对科技人才"人岗匹配"的研究不充分；科技人才流动不平衡；科技人才计划体系建设不完善。本章认为创新科技人才培养过程中应重视创新理想、知识结构、创新思维、个性心理特征、创新思维和创新意识的培养。针对以上培养内容，构建了学校教育、继续教育和自我学习三个层次的创新科技人才培养体系。

第六章 创新科技人才职业发展

第一节 概念界定

职业发展是指个体逐步实现其职业生涯目标,并不断制定和实施新的目标的过程。职业发展的形式多种多样,但主要可分为职务变动发展和非职务变动发展两种基本类型(马力,2004)。

职务变动发展又可分为晋升与平行调动两种形式。晋升是职业发展的常见形式,晋升是成功的标志,对晋升的渴望是一种积极的动机,它会使员工在工作中创造出更好的业绩,特别是对处于职业生涯早期和中期的员工而言,其激励效果更明显。平行调动虽在职务级别上没有提高,但在职业生涯目标上可以得以发展,从而为未来的晋升做好准备(马力,2004)。

非职务变动发展也越来越成为职业发展的重要形式,特别是随着经济状况的变化,组织机构呈现出扁平化,结果是组织机构消减管理层,晋升的空间越来越小。为留住大量有才干的中层工作人员,组织机构不得不对成长和成功的真正含义做出建设性的思考。职业生涯的成功可以以横向调整的形式实现,通过工作丰富化在"原地成长"。具体而言,非职务变动发展包括工作范围的扩大,改变观念以及方法创新等内容。如果员工的能力提高了,但没有组织结构的变化和高一级的职位空缺,可以通过拓宽职务责权利的方法，使其职业生涯得到发展，即使其职务内容丰富化，并给予相应的待遇。改变观念以及工作方法创新都可以提高个人的工作能力，改善个人的工作业绩，使本人得到激励和鼓舞，同样是职业发展。目前，许多员工仍倾向于把向上流动等同于成功，认为不提升就是职业生涯的失败或受挫，这种观念应得到修正（马力，2004）。

无论是职务变动的发展还是非职务变动的发展，都需要有明确的发展通道作为实现职业生涯目标的途径。创新科技人才队伍是事关组织科技创新发展大局的战略性核心资源，是组织科技创新体系顺利构建的重要支撑。提高自主创新能力，建设创新型国家，必须高度重视创新科技人才的作用。

鉴于上述情况，在进行人才资源开发管理上，一个组织能否为自己的创新科技人才创造条件，使其通过努力，有机会获得一个可以实现自己价值、有成就感的职业是非常重要的。所以，应该建立规范系统的创新科技人才职业发展路径，使科技人才在全通道的人才资源开发模式中，消除后顾之忧，能全身心地、积极地投身于工作中。

因此，本书所研究的创新科技人才职业发展主要是关于创新科技人才职业发展的通道设置问题。

第二节 理 论 基 础

一、经典理论

（一）施恩（Edgar. H. Schein）职业锚理论

职业锚是由美国施恩（Schcein，1978）教授提出的。他认为，职业生涯发展实际上是一个持续不断的探索过程。在这一过程中，每个人都在根据自己的天资、能力、动机、需要、态度和价值观等慢慢地形成较为明晰的与职业有关的自我概念。随着一个人对自己越来越了解，这个人就会越来越明显地形成一个占主要地位的职业锚。由此可见，职业锚是在个人工作过程中依循着个人的需要、动机和价值观经过不断探索，所确定的长期职业贡献区域或职业定位（马力，2004）。它的特点是：通过个人的职业经验逐步稳定、内化下来；当个人面临多种职业选择时，职业锚是其最不能放弃的自我职业意向。实际上，职业锚就是人们选择和发展自己的职业时所围绕的中心。具体而言，职业锚是自身的才干、动机和价值观的模式，是个人进入职业生涯早期工作情境后，由习得的实际工作经验所决定，并在经验中与自身的才干、动机、需要和价值观相结合，逐渐发展成为更加清晰全面的职业自我观，以及达到自我满足和补偿的一种长期稳定的职业定位。

施恩教授开始提出了以下五种职业锚：技术/职能能力型职业锚、管理能力型职业锚、安全/稳定型职业锚、自主/独立型职业锚和创造型职业锚。其中，技术/职能能力型的人做出职业选择和决策的时候，主要注意力放在自己正从事的实际技术内容或职业内容上。他们认为自己的职业发展只有在特定的技术或职能领域才能意味着持续的进步。这些领域包括工程技术、财务分析、营销、系统分析等。

涉及到职业发展，创新科技人员个人有责任开始他们自己的职业生涯发展规划，察明自己为人处世所遵循信奉的价值观念，明确为人的基本原则和追求的价值目标，尽可能地弄清楚自己的兴趣、特长、知识、能力、技能等，剖析、了解自己的优势和弱点，确定自己的"职业锚"，明白自己到底想要做什么；企业也必须根据人才"职业锚"，设立创新科技人才专业发展通道，破除"千军万马过独木桥"的人才成长迷局,拓宽人才成长通道,打通专业人才上升通道,为不同专业人才提供广阔的职业发展空间。

(二) 马斯洛 (Maslow) 需求层次理论

马斯洛需求层次理论是人本主义科学的理论之一,由美国心理学家亚伯拉罕·马斯洛 1943 年在《人类激励理论》中提出。书中将人类需求像阶梯一样从低到高按层次分为五种,分别是:生理需求、安全需求、归属与爱的需求、尊重需求、认知需求、审美需求和自我实现需求,如图 6-1 所示。

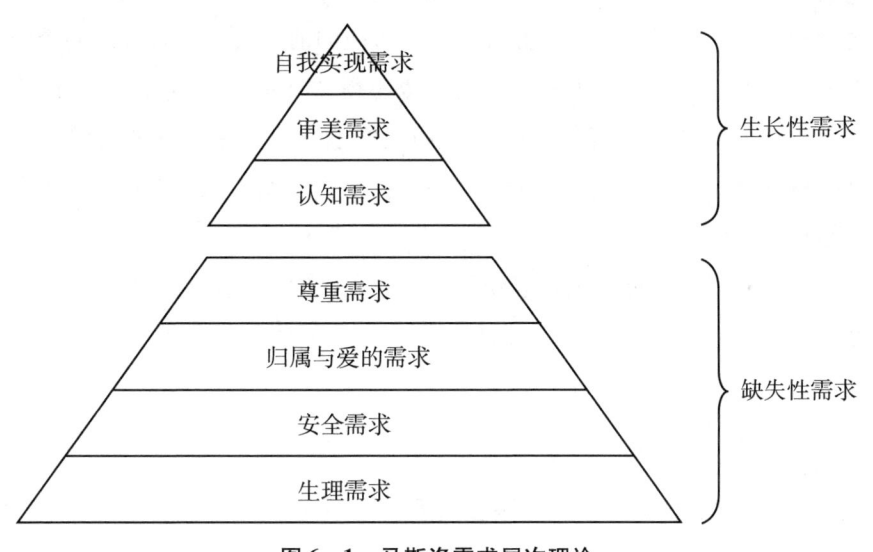

图 6-1 马斯洛需求层次理论

在当今高新技术企业和科研单位中,优秀的科技人才对职业发展生涯设计存在"主动需求"和"事实渴求"两大方面(谭红军、唐素琴,2003)。

在"主动需求"方面，根据马斯洛的"需求层次理论"，优秀的科技人才不仅希望单位能提供与其贡献相当的报酬，还特别关注自己个人价值的实现和职业发展前景，而后者在优秀的中青年科研骨干中表现尤为明显。大量的实际调查表明，优秀的中青年骨干往往把"工资奖金高""住房条件好"和"个人有发展前途""能实现自身价值"等指标作为最大最有效的激励因素。

在"事实渴求"方面，许多高科技企业和科研院所的高级管理者大多是从优秀的科研人才中提拔起来的。他们成为管理者后，所面对的不仅仅是原来所从事的单纯的具体科研业务，而是必须从管理的角度出发，站在更高层面处理单位所发生的一切事务，贯彻落实国家各项科技方针政策，完成科研任务，并推动科技事业向前发展。他们奔忙穿梭于"行政管理"和"科研业务"之间，舍不得"业务"，担心全身心地投入管理会由于"管理者任期制"的局限影响自己未来的职业发展，因而采取兼顾"科研"与"管理"的工作方式，为自己的未来留一条发展通道。

所以，科学合理的设置创新科技人才职业发展通道既是为了满足创新科技人才的"主动需求"，也是为了满足他们的"事实渴求"。

二、理论模型

（一）建立创新科技人才职业发展管理平台

组织需要为创新科技人才职业发展搭建平台，让每一位科技人才在加入组织初期就有一个职业发展规划的平台，平台内容具体包括三个方面（如图6-2所示）：

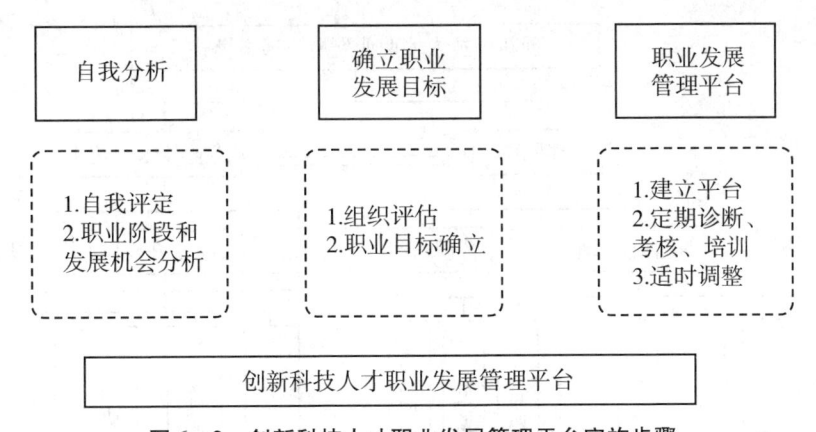

```
   自我分析          确立职业          职业发展
                   发展目标          管理平台

  1.自我评定        1.组织评估        1.建立平台
  2.职业阶段和      2.职业目标确立    2.定期诊断、
    发展机会分析                       考核、培训
                                     3.适时调整

           创新科技人才职业发展管理平台
```

图6-2 创新科技人才职业发展管理平台实施步骤

首先，创新科技人才个人要对自我情况进行分析，根据自己预期的职业发展目标设定自己在不同的职业发展阶段所要达到的职位或者职业理想，职业发展阶段包括（陈丽芬，2001）：职业生涯初期（20~30岁）、职业生涯中期（30~50岁）、职业生涯后期（50岁以后）。组织要为创新科技人才提供明晰的职业发展机会信息供他们做分析使用。

其次，创新科技人才自我分析后，组织要结合自我分析的结果对个人进行评估，协助个人确定职业发展目标。

最后，职业发展目标确立以后要被纳入人事发展管理。组织建立职业发展平台，制定详细的个人发展规划细则和考核标准，定期跟踪诊断每个创新科技人才职业发展情况，对于落后于职业发展目标的及时进行培训，对于培训后仍然不能达成目标的，要适时进行职业发展目标调整，做到人职匹配，人尽其用。

（二）创新科技人才职业发展双通道模式

根据当前国内外不同组织创新科技人才职业发展通道设置的实践，本书提出创新科技人才职业发展双通道模式（如图6-3所示）。

图6-3 创新科技人才职业发展双通道模式

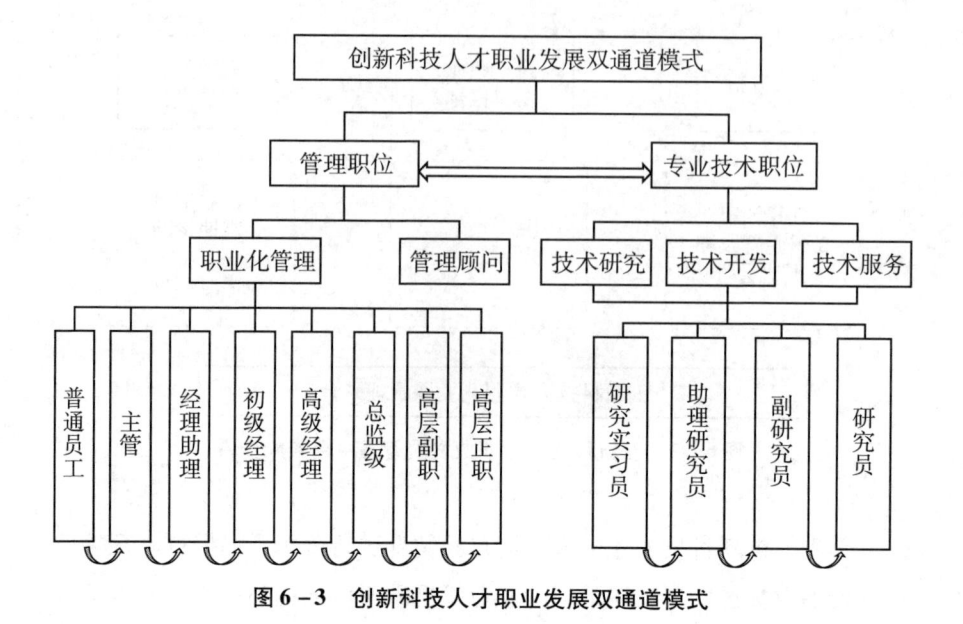

首先，创新科技人才的职业发展通道分为管理和专业技术两个序列，在每个序列下，根据工作本身对专业的要求和相应的责权划分，又细分出不同的岗位，其中管理职位包括职业化管理和管理顾问，专业技术职位包括技术研究、技术开发和技术服务。在这些不同岗位下面细分出不同的岗位级别。其中需要注意的是，管理顾问岗位不同于以往的专业技术和管理"双肩挑"的模式。管理顾问由富有管理才能且具有资深专业技术的人员担当，他们不直接参与管理，只提供管理和技术咨询。

其次，两个序列上的发展通道并行发展，相对独立，通道之间相通但不交叉。

再其次，两个发展通道中的职位之间的转换原则上是开放的，但并非自由无阻，在各级转换通道上必须设立绩效考核能力评价等，使具有相关知识、能力与业绩的优秀人员通过通道实现岗位转换。

最后，在本模型中，对于新进的创新科技人才在他们的职业发展初期，可以在两个序列上进行轮岗，目的是为了丰富他们的工作经历，培养、拓展他们的业务能力，为他们走向更高的更适合的岗位创造条件。

三、国内外相关研究综述

（一）国内职业发展研究综述

吴国存（1999）提出了"现代职业发展观"，即指为组织成员构建职业开发与职业发展和度过工作生命的通道，使之与组织的职业需求相匹配、相协调、相融合，以达到满足组织及其成员各自需要、彼此受益的这样一种目标要求或指导思想。该观点认为，随着现代经济的发展和社会的进步，企业的职业管理进入了新的阶段，一改过去传统的满足企业单方面工作岗位和职业的需求，变为满足企业与雇员双方面职业发展的需要，且使二者各自需要相配合，彼此受益。

阮爱君（2003）介绍了IT企业技术人才职业生涯发展轨道的设置，指出职业生涯发展轨道有多种类型，包括传统职业生涯发展轨道、网状职业生涯发展轨道、横向职业生涯发展轨道、双轨制和多轨制。她认为双轨制和多轨制对IT企业来说意义更大。因为IT企业在技术创新方面竞争十分激烈，企业对技术知识人员如工程师和科学家有很大的需求；并且技术人员希望自己在专业知识上有所发展，这能够加深其在某一领域的资历，从而提高其本身的市场价值，这种动机往往非常强烈。所以企业为技术人员提供多种发展轨道，这样可以留住那些具有丰富专业技术和技能的专业人员。文中还指出，进行技术人员职业生涯发展轨道设置时，应注意以下三方面：①要实行职业生涯发展多轨制，并要有一定的弹性以满足员工的需求；②要充分考虑到企业的发展与技术人员的发展两方面的因素；③与工资挂钩，各轨道同等级工资相当。

张蕾和许庆瑞（2003）针对传统的知识员工职业发展理论进行综合和归纳，然后描述了新经济给组织理论和职业理论带来的冲击，最后，在上述两方面的基础上，阐述了两种新的职业发展模型即由工作认知决定的两路径职业模型和职业成长和发展的多重相关模型。

马力（2004）从个人和组织双重的角度，分析个人职业发展中存在的问题，剖析影响职业发展的因素，提出要构建个人和组织双赢模式，即：个体设计职业发展计划时，要从组织实际出发，培养多方面技能，把自己变成组织未来发展的一员。组织应为员工设计良好的个人规划，进行职业生涯管理，实现组织和个人的需要，最终使双方都有所收益，以达到双赢的效果。

杨静和孙启明（2006）以理论研究、案例分析等方式对员工职业发展通道的相关问题做了研究，基于胜任特征的职业生涯路径体系，他们提出建立满足企业战略发展和员工发展的多重职业发展路径体系的措施，包括常规职业发展路径、横向职业发展路径、双重职业发展路径和网状职业发展路径。

陈红（2008）指出知识型员工在不同年龄阶段和职业生涯的不同发展时期，其价值观念、个人特质、心理需求、工作方式、工作能力各有特点。企业必须根据知识型员工不同阶段的需求，设计有效的激励方式，充分释放他们的创新潜能，实现创新对企业可持续发展的支撑。

（二）国外职业发展研究综述

职业发展理论最早是由美国波士顿大学教授帕森斯（Parsons）提出的。1909年，他提出了职业选择的三个要素：其一，对自己要有清楚的认识：包括对自己的态度、能力、兴趣、智谋、局限和其他特征等方面。其二，对工作要有清楚的了解：包括从事该工作应具备的知识，以及对工作的优势、劣势、竞争、机遇以及前景预测有深刻的了解。其三，上述两个因素之间的匹配（张再生，2003）。

1959年，美国心理学教授霍兰德（John Holland）首次从个体特质维度提出具有广泛影响的"职业选择理论"，该理论指出员工工作满意度和流动倾向性取决于个体的人格特点与职业的匹配程度，当人职匹配时，就会产生最高的工作满意度和最低的流动率。

1978年美国麻省理工学院的施恩教授（Edgar. H. Schein）提出了职业锚的概念。

萨柏（Donald Super）从时间顺序的角度，分析了人的生理、心理、社会和文化等方面对职业的选择、调整和变动的影响，提出了职业发展阶段理论。

金斯伯格将职业生涯分为三个阶段：幻想期、尝试期和现实期。格林豪斯从不同阶段所面临的主要任务的角度来划分职业生涯，将其分为五个阶段：职业准备阶段、进入组织阶段、职业生涯初期、职业生涯中期和职业生涯后期。

20世纪90年代以来，很多学者也纷纷对员工的职业发展问题发表自己的看法。罗森布姆（Rosenbaum，1990）认为，员工的职业发展的差异不仅是个人能力的差异造成的，更主要的是领导所提供的发展机会的差异，使得个人工作技能和知识有着不同的发展轨迹。

莱斯（Chase 1991）指出，每个行业和企业都会为员工的职业发展提供一系列具有等级秩序的岗位和职业发展机会，使员工有机会晋升到更高的位置。职业晋升的路径在于一个人想要晋升到一个较高的位置，那么他必须首先占有那个接近那个位置的较低的职位。

Peiperl 和 Baruch（1997）则认为，组织内不再具有固定的职业路径。

Spychalski、Quinones、Gangle 和 Phley（1997）把评估中心作为职业发展方面值得信赖的有效工具，应用于员工的职业发展。

Hall 和 Moss（1998）一方面指出个人要对自己负责，不要过多地依赖组织的职业管理，另一方面，提出组织为了使管理满足个人的发展需求，应采取一些措施帮助员工进行职业发展，增强员工对组织的忠诚度。

Kim 和 Cha（2000）对韩国私营企业和公共事业研发部门的1240位专业人员进行了研究，在管理倾向、技术倾向、项目倾向以及技术转移倾向以外又增加了创业倾向。这些倾向与施恩的职业锚相对应。

尽管国内外学术界和企业都有开始研究和设计员工的职业发展路径及相关问题，但是主要是对所有行业的所有员工进行职业发展规划设计，很少针对创新科技人才来设计职业发展路径，因此，关于创新科技人才的职业发展还处于探索与实验的阶段。

第三节 国内创新科技人才职业发展的现状与问题

创新科技人才队伍成为事关企业科技创新发展大局的战略性核心资源，是企业科技创新体系顺利构建的重要支撑。因此，设置科学、合理、有效的创新科技人才职业发展规划，显得尤为重要，但是，目前这样的职业发展规划仍然存在问题，主要体现在：

一、缺乏创新科技人才职业发展管理平台

职业发展规划是在认真分析每个人的特长、个性、兴趣、专业方向基础上而制定的，目的是将每个员工分配在最适合的岗位上工作，并有利于他们向自己理想的目标发展。当前大多数组织都缺乏职业发展管理

平台。平台的缺失，导致员工无法了解自己在组织中各个职业发展阶段有可能达到的职位或者能够实现的职业理想，与此同时，组织也无法为员工做出科学的职业发展规划。很多企业仍在沿用传统的人事管理方法，还在强调把人作为"螺丝钉"或是"一块砖"的观念，单纯要求人去适应工作，忽视了人的兴趣、情感和价值取向，从而造成人与工作的不合理配置，出现大材小用、小材大用，甚至人才压制的不正常现象（杨艳东，2004）。没有职业发展管理平台，企业也不清楚员工的个人职业理想，不利于安排有效的培训，因而会阻碍员工的成长，从而不利于整个企业的发展。

二、创新科技人才职业发展通道不通畅

创新科技人才的职业发展通道，具体分为纵向的职业发展和横向的职业发展，创新科技人才的职业发展通道在实际应用中存在的不足，导致人才工作积极性不高和职业倦怠。

首先，职业发展晋升通道单一。受官本位、技而优则仕等传统思想的影响，组织的职业发展通道只有一种行政管理通道，这样使得员工的职业发展也都是朝着升职、做官而努力，大家都挤一条船。导致了原本在专业技术、技能操作方面很优秀的人才，也来竞争并不熟悉的行政管理通道。由于员工职业发展渠道的单一，许多人才处于如何升职的浮躁中，导致专业技能得不到更好地发挥，进而影响积极性激发，在效果上造成人力资源的浪费。

其次，部分管理比较规范的组织拥有双通道或多通道职业发展模式，但是存在通道内职位界定不清晰或者设计不合理的情况。比较常见的是通道中的职位级别设置过多或过少，往往导致相邻级别职位的职责区分度不高，可操作性差，从而导致职位晋升评定困难（陈强、唐斌，

2006）。另外，同级别的管理岗位和技术岗位在薪酬体系上设计不合理，差异过大，多向管理岗位倾斜，导致技术岗位的职业发展通道起不到激励作用，形同虚设。

再其次，有限或者不合理的晋升阶梯严重影响创新科技人才的工作积极性。阶梯的有限设置就意味着可晋升职位的减少，对大多数人来说，职位晋升就成了"可望而不可即"的事情。过少的职业晋升阶梯设置，容易使部分员工感到在公司内部没有发展前途，尤其是当他对自己的工作非常熟悉以后，感到自身能力无法提高，发展受到了限制，让员工容易丧失进取和提升自我的欲望。对他们来说，最需要的就是个人职业的发展。因此，职业晋升阶梯的有限设置让员工的职业发展受到局限。同样，过多的职位设置带来的职位职责区分不清，职位晋升评价困难也会导致职业发展受限，从而也会降低工作积极性。

最后，重复固定的岗位工作导致职业倦怠（朱芳东，2014）。由于职业发展通道有限或者因职位设置过多、晋升评价困难导致晋升受阻，员工只能在组织中年复一年做重复性工作，工作激情不高，职业倦怠滋生。长期从事重复性的工作会对员工未来的发展造成很大的局限性，影响员工的积极性和忠诚度。

三、"官本位"思想影响创新科技人才的发展

创新科技人才的健康成长离不开适宜的文化氛围，目前社会范围内"官本位"思想影响广泛，各种资源分配行政化的色彩浓重，"重行政、轻科技"的观念依然存在。受其影响，部分创新科技人才在发展到一定层次之后，由于缺乏获取较高的薪酬待遇、政治地位和发展平台的载体，就会转而向企业经营管理岗发展，"技而优则仕"现象比较普遍。

第四节 国内创新科技人才职业发展的对策与建议

一、构建创新科技人才职业发展管理平台

一个人的职业生涯包括不同的阶段，处在不同阶段的人，对职业发展所考虑的着重点会有所不同，创新科技人才也是如此。要实现创新科技人才在职业生涯的每个阶段顺利发展，组织必须搭建一个创新科技人才职业发展管理平台，来保证在不同的职业生涯发展阶段，创新科技人才都能够在平台之上通过本人的努力和组织的支持实现自己的职业理想，达到组织和个人共同发展。平台内容具体包括三个方面：

首先，创新科技人才管理平台要允许个人在不同的发展阶段对自我情况进行分析，根据自己的才干、动机、需要和价值观等确立自己的职业锚；而组织也要为创新科技人才提供明晰的职业发展信息，让创新科技人才在不同的发展阶段找到与其职业锚匹配的发展机会。

其次，创新科技人才经过分析自我确立职业锚之后，组织要结合个人确立的结果对他们进行评估，协助个人制定和确认科学的职业发展目标。

最后，职业发展目标确立以后要被纳入人事发展管理。组织根据个人的职业目标，制定详细的个人发展规划细则和考核标准，定期跟踪诊断每个创新科技人才职业发展情况，对于落后于职业发展目标的及时进行培训，对于培训后仍然不能达成目标的，要适时进行职业发展目标调整，做到人职匹配，人尽其用。

二、建立科学合理的创新科技人才职业发展双通道

根据马斯洛的需求层次理论，优秀的科技人才与管理者不仅希望单位能提供与其贡献相当的报酬，还特别关注自己个人价值的实现和职业发展前景。组织搭建好科技人才职业发展管理平台之后，还需要通过建立与之匹配的职业发展通道激励科技人才立足岗位，大胆创新，成功发展。为此，需要打破仅靠职务晋升才能提升岗级的单一通道，建立管理职位和专业技术职位双重职业发展通道，使它们相互之间可以互联互通。根据人才"职业锚"理论，个人进入职业生涯情境后，由习得的实际工作经验与自身的才干、动机、需要和价值观相结合，逐渐会发展成更加清晰全面的职业自我观，并达到一种长期稳定的职业定位。更多的创新科技人才在职业发展路径上会选择专业发展的道路，因而，在专业技术职位通道上，要为创新科技人才设立更为科学、合理、精细的职业发展路径，为创新科技人才提供更为广阔的发展空间，满足他们对个体成长和事业成就的需求。

首先，创新科技人才的发展通道在设计上要保证各个通道并行发展，相对独立，通道之间相通但不交叉。企业中部分管理者是具有技术背景和较强科研能力的科技人才，如果这类人才要想走专业技术的职业发展通道，应当在辞去管理职务的基础上，方能进入。在专业技术职业发展通道的人员，根据自身的特长，如果想走企业管理人员的职业发展通道，则须辞去科技岗位职务，方能进入企业管理人员职业发展通道（张敬文，2011）。专业技术突出，同时又具备杰出管理才能的人可以做管理顾问一职。但是，不同于以往的专业技术和管理"双肩挑"的模式。管理顾问不直接参与管理，只提供管理和技术咨询。

其次，按照各通道中职位层级相匹配的原则，应确保同层级专业技

术职位与管理职位的薪酬水平相当或略高，同时要保证专业技术岗位薪酬水平的市场竞争力，保持创新科技人才职业发展通道的吸引力。

再其次，各职业发展通道中的职位之间的转换并非自由无阻的，在各级转换通道上必须设立相关的通道滤网，即通过绩效考核能力评价等，使具有相关知识、能力与业绩的优秀人员通过通道实现岗位转换。

最后，必须突破传统的"只能上，不能下"的陈旧观念，树立"能上能下"的观念，同时使各通道中的员工能够实现互动的竞争，促进组织的发展（谭红军、唐素琴，2003）。

三、促进跨专业、跨组织和跨部门人才流动

提高人才流动性，有助于各类人才提高自身资质和能力，通过各种知识融合和碰撞，创造新知识并使研究成果得到实际应用，提升人才职业发展的荣誉感和积极性。由于我国当前在人才培养上是以长期雇佣为前提条件的，在跨专业、跨组织、跨部门的人才流动是较低的。加上当前我国中老年劳动力持续增加，因此有必要从年轻人到老年人，各代人都能的"人尽其用"为目标，构筑促进创新科技人才流动的体制机制。政府也应将促进创新科技人才职业道路的多样化发展作为鼓励项目，建立跨学科、跨领域的研究推进机制，推进人文社会科学、自然科学等所有学科领域之间的人才交流。

四、营造良好人才发展社会氛围

营造良好的人才职业发展社会氛围对提升人才的工作主动性和积极性有重要的正向效应。尽量减少"技而优则仕""官本位"及"名人效应"等导向，保证创新科技人才把主要精力放在科技研究上。要为创新

科技人才提供相应的待遇，在办公条件、医疗、交通、通信、住房等方面享有与同级别行政管理人员相当或略高的待遇，保证高级创新科技人才参与有关决策会议。社会层面上要为部分杰出的创新科技人才提供参政议政的权利，因为有参与制定对自身利益的政策对员工做出更大的绩效有积极影响，特别是在针对本地区科技政策制定、科技人才培养等方面，要能够充分听取创新科技人才的建议和意见。

本章小结

创新科技人才职业发展重点是研究关于创新科技人才职业发展的通道设置问题。本章从施恩的职业锚理论、马斯洛需求层次理论等重要理论出发，提出了建立创新科技人才职业发展管理平台、创新科技人才职业发展双通道模式的理论模型。当前我国创新科技人才职业发展的现状与问题主要有：缺乏创新科技人才职业发展管理平台；创新科技人才职业发展通道不通畅；"官本位"思想影响创新科技人才的发展。我们需要从构建创新科技人才职业发展管理平台、建立科学合理的创新科技人才职业发展双通道、促进跨专业，跨组织和跨部门人才流动结合、营造良好人才发展社会氛围等方面来促进国内创新科技人才职业发展的完善。

第七章 科研创新团队建设

第一节 概念界定

科研创新团队构建,就是以创新科技人才为中心构建创新型的团队。最终目的是构建成一个以具备科技创新素养和技术能力的技术专家为核心,以高层次团队协作为基础,具有统一清晰的团队目标,并依托一定的平台和科技项目,对内能产生高科技绩效,对外能对科技领域的发展和创新作出重要贡献的人才群体。

科研创新团队构建应当符合以下几个特点:首先,团队构建应当围绕创新科技人才进行,即团队中创新科技人才应当在团队成员中占据较大比例,团队成员构成以技术专家和研发项目领军人为主。其次,团队应具备解决各种复杂新奇的科学难题的能力,并能够依据团队成员之间的互相协作将创意转化为绩效。因此团队中的成员一方面应具有相应的技术能力及创新意识,另一方面还需具备良好的互相协作能力。再次,团队的构成能够全面反映团队绩效的要求,既包括任务的层面,也包括团队的合作质量。最后,整个团队应具有明确的目标。同时,为了实现这个目标团队内部具有明确的分工和职责划分。

具体的团队构建涉及团队成员的选拔、团队角色的划分以及团队建设方针的确定。第一点,在团队成员的选拔方面,成员首先必须具备技术上的胜任力——具有达到既定目标的技术和能力，特别是在科技领域上具备创新意识和核心科学技术，同时个人的技术特点还应与团队整体特点相匹配；其次，团队成员在个人特点的胜任程度上要具备与他人一起工作创造辉煌的能力——即与团队中的其他成员进行有效配合与合作的能力；最后，还应具有强烈的团队意识和贡献愿望，这将有助于团队高绩效的产出和团队内的和谐稳定。第二点，在团队角色方面，应根据成员的特性安排适应的团队角色，合理设计团队的组织架构，使得每个成员在组织中有合适的工作定位。同时在构建团队的过程中不能忽略领导在团队中的作用。领导的存在一方面要对团队的目标进行细分并下达相关安排，另一方面要确保团队内部沟通机制顺畅，避免因团队冲突所引起的团队整体绩效的下降。第三点，在团队建设方针方面，应强调团队的价值观及团队目标，由于该团队注重科技创新能力，因此团队的构建过程中应当着重营造创新的一种文化氛围，并且能够鼓励创新并具有一定的风险承担力。此外由于需要有关科技创新方面的信息交流，因此在团队构建时应当注重信息流通渠道的构建。

第二节 理 论 基 础

一、经典理论

（一）贝尔宾的团队角色理论

该理论认为高效的团队工作有赖于默契协作。团队成员必须清楚其他人所扮演的角色，了解如何相互弥补不足，从而发挥优势。成功的团队协作可以提高组织的绩效，鼓舞士气，激励创新。利用个人的行为优势创造一个和谐的团队，可以极大地提升团队和个人绩效。因此，在进行创新科技人才的团队构建时,应当考虑每个成员的角色特性和优缺点,在团队成员选拔阶段依据相应的角色特征构建符合相关工作任务指标的团队,对应每个成员的团队角色特征赋予相应的角色职责和任务,同时也要突出团队在科技创新方面的个性。

(二) 布鲁斯·塔克曼的团队发展阶段模型

该理论认为团队的发展过程可以划分为 5 个阶段,团队应根据每个阶段的特点对团队进行全方位的评价,并采取适当的方法进行相应的调整。该理论被广泛地用来辨识团队构建与发展中的各种关键性因素,从而对团队的构建和发展提出建议。因此在进行创新科技人才的团队构建和运行时,应当考虑团队不同阶段的特征,并适当提供一些建议。

(三) 高层梯队理论

该理论融合了心理学及管理学等学科的研究成果,研究管理者的背景特征与公司治理及企业经营绩效之间的关系。该理论认为,高管团队的决策过程主要受团队成员心理结构的影响,其心理认知影响其行为表现,并最终对企业的经营绩效产生重要影响。因此,在高层梯队理论框架下,创新科技人才的团队构建应充分考虑对创新科技人才的心理契约分析,客观评估创新科技人才的认知能力、感知能力和价值观等心理结构,以获得较高的团队绩效。

二、国内外研究现状

关于创新型科技团队的构建,国内外科学社会学家、心理学家等都有不同程度的论述,库恩基于"范式"和社会学的"共同体"提出

"科学共同体"概念，为分析创新型科技团队的形成和维持提供了概念工具。辛普森、芭芭拉、鲍威尔和迈克尔等人从组织设计的角度分析了如何合理地构建创新型科技团队来提高科技创新能力。荷歌、马丁、普约瑟皮奥、卢易格分析了创新团队成员之间的熟悉程度对其效率的影响。

周洪利（2008）将科技创新团队的构成要素总结为为什么组建（即组建的目的）、由谁来组建（即组建的主体）、凭什么来组建（即组建的资源）和如何来组建。

陈春花（2004）总结了创新型科技团队运作模式的六个要素。人数不多、互补的技能、有意义的目的、有吸引力的目标、共同方法和相互承担责任。这六个关键要素中，第一个层次是目标导向，包括形成有意义的目的和有吸引力的目标；第二个层次是科研团队组建的内在要求，包括人数不多和拥有互补技能；第三个层次是运作层次，包括运用共同方法和相互承担责任。并提出了科研团队管理的四层次和模型，系统管理包括宏观层面上的管理和微观层面上的管理。从宏观层面上观察和把握科研团队是否有效运作——四层次模型，从微观层面上观察和管理科研团队共同工作的有效性——四资源模型。

国内外对于科研创新团队构建的研究，基本集中于团队构建原则、团队构建方法、团队人员构成要求、团队成员规模等方面进行理论概述。关于科研创新团队构建的方法及途径，许多管理学者和心理学者都曾作过深入研究，并取得了不同成果，其中，尼克·海伊斯总结出了四种建设团队的建设方法：即人际法、角色定义法、价值观法、任务导向法[1]。关于团队建设的四个基本途径，即贝尔宾1981年提出团队角色界定途径；魏斯特价值观途径；卡曾巴赫及史密斯提出的任务导向途径以

---

[1] 尼基·海斯. 成功的管理. 北京：清华大学出版社，2002.

及 T—小组训练为代表的人际关系途径①。已有的关于科研创新团队构建的研究大多从较为单一和纯理论的角度进行概述，没有能够从实践的角度深刻揭示和给出科研创新团队组建和管理的可操作性的途径和方法；且研究多以现状介绍和理论阐述性为主，对导致现象背后的机理及背景的深入分析相对较少；对国外科研创新团队的理论前沿和实践情况研究的把握、引进和借鉴较少。

第三节　科研创新团队建设的现状与问题

一、我国科研创新团队构建的进展现状

2017 年 4 月科技部发布的《"十三五"国家科技人才发展规划》显示我国科技人才工作取得显著成效，科技人才呈现竞相踊跃、活力迸发的新局面。具体体现在：我国科技人才队伍迅速壮大，科技人力资源总量超过 7100 万，研究与发展（R&D）人员总量 335 万，均跃居世界第 1 位。科技人才结构和布局不断优化，青年科技人才成为科研主力军和生力军，科技创业人才队伍规模不断扩大；科技人才创新能力不断优化，青年科技人才成为科研主力军和生力军，科技创业人才队伍规模不断扩大；科技人才创新能力不断提升，科技人才计划效果显著，实施海外高层次人才引进计划（国家"千人计划"）、国家高层次人才特殊支持计划（国家"万人计划"）、创新人才推进计划、长江学者计划、中科院百人计划、国家杰出青年科学基金等一系列科技人才计划与工程，涌现出一批具有国际影响力的高端创新人才；科技人才聚集效应初步形

---

① 王青. 团队管理. 北京：企业管理出版社，2004.

成，建设国家（重点）实验室、国家工程技术研究中心、国家自主创新示范区、国家高新技术产业开发区、国家创新人才培养示范基地、众创空间等科技人才基地，一批优秀企业家加速涌现，成为引领创新创业浪潮的核心力量。

目前，按照创新人才团队的任务属性分类，主要分为学科基础研究、产品研发研究两大类，学科基础研究的团队主要为国家科研院所机构和各大高校，产品研发研究的团队来源于企业的研发部门以及高校与企业合作的研发项目组等。按照团队的组织形式主要有：个体研究为主的实验室科研、课题制下的课题组以及不同组织内的专业科技创新团队。按照科技创新发展的阶段可以分为，第一代科技创新团队（学术科学导向型）、第二代科技创新团队（市场项目导向型）和第三代科技创新团队（战略系统导向型）。目前，我国的科技创新团队大多是第一代和第二代团队。

改革开放以来，我国政府不断出台促进科技创新发展和创新科技人才培养的一系列战略性促进政策，通过建立博士后制度、设立国家自然资金等专项资金、出台关于企业科技创新的一系列税收优惠政策等支持、促进我国科技创新和创新科技人才的发展。

在建设高水平科研创新团队方面，具有最显著优势的科研机构便是高校。主要体现在：第一，诸如"211工程""教育行动振兴计划"等一系列国家及教育部举措的实施，使得高校的物质条件、信息资源及人才资源都得到了很大程度上的优化，这些都为高效科研创新团队建设奠定了良好的物质基础；第二，在高校中，综合了自然科学和人文社会科学等学科门类，它们之间相互渗透，易于发掘新的学科创新点，促使研究产生新的方向，为创新型科技团队的组建提供了充足的学科知识保证；第三，学术自由、崇尚创新的这种在高校内盛行的优良文化氛围，给予了科研创新团队形成的良好氛围。

我国科研创新团队构建在专门科研部门和企业化产品化的科研团队中的情况，经过改革开放以来40年的发展，已经有了很大进步，从我们国家航天、海洋等成果中能看到创新型科技团队的集体力量。与此同时，和发达国家相比，我国科研创新团队构建仍然存在很多问题。

二、我国科研创新团队构建存在的问题

从国家战略层面来看顶层设计不够科学，对科研创新团队构建的重视程度不够，相关支持政策的配套和落实不到位。中观的各个创新型科技团队及其所属的组织团体来看团队构建意识薄弱，团队构建的各个环节的建设水平有限，科研院所、高校基础性研究团队中存在行政化过度、利益导向偏重的问题。在基础研究与产品研发以及各产业研发的结构布局领域，对国内外经济和社会发展动态的深入分析和全面把握不够，对我国支柱产业和未来新兴产业的发展需求和趋势的预测不够全面、科学，对产业关键技术和共性技术的研判不够到位，未从战略角度确定我国科技创新团队的合理布局、制定全国科技创新团队建设的宏观规划。主要问题分析如下：

（一）团队目标的界定

由于科技创新工作本身周期长、易失败、投入高、风险大等特点，在界定团队目标上，仅仅以是否研究出成形的成果显然不是科技创新团队合理的团队目标。而如何从多次失败中分析、改进出绩效，如何合理地设定团队目标仍旧是科技创新团队建设的一个尚待解决的问题。

（二）团队成员角色结构的设计安排

创新团队岗位设置缺乏理论和实践经验的支撑，在人岗匹配的选人

过程中存在选拔评价标准、机制不完善,或者创新团队人员选拔相关理论支撑不够,容易造成人岗错配,领军人物不突出、没思路,配合成员角色、能力错配致使创新团队工作效率和绩效较低、创新特征不明显等问题。根据不同成员的不同专业特长、个人优势,如何区分专业的、管理的两大角色序列,是否一人多岗统管学术和管理,如何让不同专业背景的研究者有效联结更大地发挥作用,如何在团队角色的数量、构成、组合方式上实现更利于团队发展的角色配置,仍然是科技创新团队建设的重要议题。

(三) 团队工作的机制

当前我国的创新型科技团队在构建上配置了过多的管理职能,在现行社会管理和文化的影响下,造成我国目前的创新型科技团队,科研院所和高校团队的行政化较为严重,影响了团队创新的工作效率;也容易造成创新团队的领军人物演变成创新团队管理者,引发人事摩擦,影响个体的内在动机和团队的创新氛围的形成和保持,从而弱化创新团队的内在驱动力量。企业中科技创新团队的发展水平总体较低且不均衡,海尔、联想、国电等几家大型企业在科技创新团队建设上有不错的机制探索,其他的企业,尤其是中小型企业的发展远远没有成型。

(四) 团队沟通

我国创新型科技团队普遍存在缺乏沟通交流,相互协作缺失等问题,特别是在一些需要学科交叉、不同团队相互支持的项目和领域更是明显,此类团队沟通机制的不健全,尚未形成一个透明、高效、可操作、可推广的团队沟通模式,低效、不畅通的团队沟通影响了科技创新的整体效率和绩效产出。

（五）团队激励与团队绩效

改革开放以来，我国政府加大了对科技创新的资金投入，但和发达国家相比还有很大差距。在团队激励方面，物质激励和精神激励的制度、实践和理论探索还远远不够，激励意识不强、激励手段不多、激励效果有限。团队绩效因团队建设、客观物质条件等诸多不足和问题，成果有限。

（六）团队文化

我国创新型科技团队的团队文化建设十分薄弱，团队的高度专业化和行政化、科研成果压力、短期的项目制让科技创新团队的团队文化建设很难展开和发展。

三、我国科研创新团队存在问题的分析

创新其实就是安心、踏实、持续作为做事以保持竞争优势，创新离不开国家和组织两个层面的环境支持、制度保障和机制引导，这两个层面的制度和机制因素对技术和经济的发展起着非常重要的作用，分别体现在：国家层面是国家整体制度构成和制度环境；组织层面是创新科技人才团队内部的运行和驱动机制。当前我国在国家层面已经充分认识到创新对国家发展和民族复兴的重要性和紧迫性，并已在顶层设计中对科技创新支持、激励与培养等制度与机制进行建设和完善，包括让市场在资源配置中充分发挥决定性作用，大力实施创新驱动发展战略，协调推进知识产权保护与依法治国，建立以企业为主体、市场为导向、产学研深度融合的科技创新体系，完善股权、分红、脱产创业等激励制度等。当前我国的科技团队创新仍普遍存在创新效果不明显、没有国际比较优

势以及创新驱动发展不足等问题，主要原因还是在组织也就是团队本身这个层面，一是领会和落实国家的创新驱动发展战略和政策不到位；二是组织的生存压力不迫切，对创新的重视以及创新团队经营经验不足；三是创新能力不足，科技组织或团队创新的要素没有被充分激活，重点表现在以下几个方面。

（一）创新型科技团队运行机制不顺畅

创新型科技团队普遍在人员选拔评价、任务分配、培养锻炼、考核激励等方面存在经验不足、理论支撑不够等问题，且相当程度的创新型科技团队的领军人物尚不具备相应的组织协调能力和综合管理能力，造成创新型科技团队人员配置不合理，岗位间缺乏沟通交流，缺乏相互协调与支撑，创新团队在运行过程中摩擦不断、运转不流畅，琐事牵扯精力过多，无法聚焦主业主责，从而影响工作效率和质量，降低创新成果的产出与转化。

（二）创新型科技团队内生驱动力不足

团队创新基于团队成员个体的胜任能力以及个体凝聚形成的胜任合力，基于对团队目标的认同和持续不断地追求，在不满足于现状，积极主动寻求改进措施过程中迸发创新行为，创造创新绩效。团队创新需要持续的内在驱动，这种持续的内在驱动主要来源于团队成员的胜任能力、团队成员对目标的认同、团队成员在持续工作中产生的自我效能感，团队个体在基于信心、兴趣和自我效能感基础上创新行为的不断积累将推动整个团队创新绩效的不断扩大，并最终促成团队创新目标的实现。创造性的工作不再是被动地作为，而是凝聚了团队成员积极主动的人格与协作；将不再是团队成员一种谋生的手段，而是一种工作方式、工作态度和工作信仰，由此而来的团队的内生驱动也正是当前我们的创新型科技团队所普遍缺乏的。

(三) 创新型科技团队配套制度不健全

国家在创新整体的制度、产业学科布局的顶层设计虽已推进，但还不够完善，国家的教育方式和内容与创新人才培养还不相适应，创新资金投入占 GDP 比重的国家横向比较上同创新驱动国家还有较大差距，在制度引导方面做得还不够，且在国家层面对创新型科技团队的构建的理论研究还不够系统、深入。这主要是我国社会主义初级阶段的客观国情造成的资金问题和科技创新人才团队建设经验有限，导致了顶层设计的设计和安排水平存在不足。尤其是在理论研究的支撑方面，因为科技创新团队的模式对我国整个经济社会发展贡献的比例还较为小，国家层面对科技创新团队建设的研究因为测量数量小、测量维度少、测量精确度未知以及研究成果与自然科学研究相比存在太大不确定性等原因造成我国在科技创新团队的团队建设方面的理论研究数量少，有建设性的成果也十分缺乏。我国科研创新团队建设受制度考核、资源分配方式、文化因素等方面的限制和影响，普遍存在行政化较重，甚至利益导向大于任务导向以及落实国家的相关政策有顾虑、不坚决、不细致等问题，致使科技创新团队的建设在各方面迈不开步子，始终做不到整体上的深入推进。

(四) 科技团队创新文化氛围薄弱

首先，团队成员之间沟通较少。在市场经济大潮的洗礼下，科技学术界出现了"多功利主义，少科学精神""多学术浮躁，少潜心钻研"的现象。特别是在以"以文章论天下"的高校，评职称、拿奖金的需要迫使团队成员自顾自地工作，很少与其他团队成员沟通，导致信息沟通不到位，因此团队成员就会对工作的进展以及团队的目标认识模糊。

其次，学习创新氛围薄弱。成员个人的目标和团体整体目标存在矛盾，团队成员在工作中缺乏干劲，在很多工作中相互推卸，不愿牺牲个人利益。最后，目前的创新科技人才团队缺乏知识共享的团队文化理念，即认知模型存在较大差异。团队成员的专业不同，学科背景不同，成员个体差异很大，加上交流、沟通少，这样很难达到知识共享，形成卓越的团队。

第四节　科研创新团队构建的对策与建议

科研创新团队是创新政策贯彻落实、创新行为组织实施以及创新绩效产出的最直接力量，是当今和未来信息化、人工智能时代推动国家和组织发展的基本所在，其构建与发展的成熟与否是一个国家和组织核心竞争力的最直接体现。把影响创新型科技团队发展的制度、政策、法规环境建设和维护好，把支撑创新型科技团队构建的基础理论研究好，理顺科技团队创新的运行机制，完善人岗匹配的选人用人机制，丰富鼓励创新的激励考核机制，构建维护创新的文化氛围，以及完善创新能力提升的教育和培养机制，提升我国在科技创新团队构建和运作的能力，切实推动我国快步迈入创新驱动发展的国家行列，我们试着从科技创新团队构建的宏观、中观、微观三个层面提出一些思考和建议。

一、宏观层面

科技团队创新的宏观层面也就是国家层面，在宏观层面需要国家为科技团队创新做好秩序维护、制度建设、资金支持、理论支撑、人才培养、兜底保障、产业引导等，为科技团队创新塑造一个自然孕育和持续发展的环境。

(一) 充分发挥市场在科技领域配置资源的决定性作用

由市场来决定资源配置是社会经济活动中的重要规律,让科技领域的资源配置由市场来充分发挥决定性作用,充分发挥供求、价格、竞争相互联系、相互制约、相互作用的机理。在科技领域无论经营主体是国有还是民营,应充分引入竞争机制,打破垄断,建立以市场供求为基础的价格形成和相互竞争机制,充分发挥竞争的"鲶鱼效应"。市场配置资源才能更加灵敏地捕捉和引导消费需求,新的市场需求产生供给创新,才能成为创新的先导;竞争可以使科技创新过程充满活力,进而才能推动创新向更深层次发展。市场配置资源还可以防止由层层行政审批或行政命令来进行的政府分配资源模式对创新文化氛围的不良影响,有效防止政府通过行政审批或行政命令配置资源给创新团队内在驱动力带来挫伤,有效减少人事摩擦,给创新团队创造一个聚焦主业主责的公平环境。

(二) 更好地发挥政府在科技领域中推动创新的作用

市场是逐利的、盲目的,更好地发挥政府在科技领域中推动创新的作用就是要解决好市场的缺点,具体来讲,主要包括:

一是"抓大放小",弱化政府在科技领域微观方面的管理职能,把人员激励、科创企业审批等职能放权给市场主体,让市场主体与创新主体协商确定创新成果共享的方式和比例。二是做好科技领域市场秩序的规范和监管,完善知识产权保护,强化知识产权违法打击查处力度,在全社会形成一个鼓励创新的良好市场环境。三是做好科技领域创新人员的社会兜底,解决创新科技人员在养老、医疗、子女教育、失业等方面的后顾之忧,让科技领域的创新团队成员承担得起失败,在宏观层面构建科技领域创新科技人员的内生动力，同时降低微观领域创新的成本。四是建立和完善科技领域创新的资金保障制度和支撑平台，利用财政补贴、低息贷款、股权融资、专项基金等多种方式给科技领域的创新提供资金保障和支持。五是做好科技领域团队创新的基础理论研究，为科技创新团队的构建和经营提供可操作的理论支撑。

（三）做好科技领域的产业布局，引导科技领域重点产业的创新

为更好地体现科技创新对经济和社会发展的巨大支撑和引领作用，有关部门需要深入分析近年来国家的产业政策、全面把握国内外经济形势和发展势头，对国家未来一段时期产业发展的重点及新兴产业领域做出合理预测，优化人文环境、政务环境和创业环境，从而使创新科技团队建设能够最终服务于国家需要。此外，应在侧重关键技术研发和做好重点发展产业布局相匹配的前提下，以团队建设为基础，以领军人才为核心，从国家战略层面确定我国创新科技人才团队的布局，制定时代发展需要的科技创新团队构建的宏观规划①。

（四）加强顶层设计和法规政策建设，加大对创新团队的资助力度

加强政策法规、资金配套等方面的支持，引导政府、国有企事业单位支持科技创新团队的建设与经营。当前，我国在专门促进科研创新团队构建的政策法规还极少，且大多是指导性的文件，可具体操作的更是少之又少。在已有的资助政策和过程中，比如国家自然科学基金委员会和教育部对创新团队建设的资助，很少考虑创新科技团队之间的协同关系以及现有学科分布及未来发展趋势。这些问题的出现，提醒我们在顶层设计的政策法规制定时，要充分考虑政策、资金引导重点产业创新时

---

① 柳洲，陈士俊. 我国科技创新团队建设的问题与对策. 科学管理研究，2006：92-95.

的"指挥棒"效应,要结合国内社会和市场的切实需要,以及国内国际时代发展的研判和需要有所侧重和规划,真正起到在科技领域创新的引导作用。此外,我国对创新科技团队的资金和经费支持力度相比创新驱动发展的国家和地区还不高,反映出国家和各级地区对科技创新团队的重视程度不够[①]。这也在提醒各级政府在加大资金投入力度的同时,要积极鼓励引导企业投入、引进金融资本、以优惠的经济政策作扶持等政策手段全力支持科技创新团队的建设工作[②]。

(五) 深化教育改革,为科技领域团队创新引进和培养人才

创新需要支撑创新的资金、制度、文化等基础,也就是说创新驱动发展是需要整个社会具备支撑创新的特征,其中最关键的是人的因素。创新绩效的创造是人,创新的目的是为人服务,以及影响创新的宏观、中观、微观因素中主要的皆为人的因素。科技领域团队创新更是如此,没有胜任科技创新团队的大批人才,科技领域的团队创新也只能空喊、羡慕、人浮于事。要培养大批适应科技团队创新的人才,在宏观层面就应深入研究创新人才的特征,研究创新人才培养规律,顺应此规律深化我国中小学教育和高等教育在教育内容和教育方式等方面的改革;同时,有重点地引进一批,送出去培养一批适应科技领域团队创新所需要的人才。

二、中观层面

科技团队创新的中观层面也就是宏观层面政策落实,以及微观科技

[①] 奎燕飞. 云南省高层次科技人才队伍建设及对策研究. 云南大学,2011.
[②] 周常玉. 江西省科技创新团队建设研究. 华东交通大学,2009.

团队主管的层面，需要在宏观政策法规的框架内做好微观主管的放权、指导、服务以及科技团队创新的人才队伍建设。

（一）营造浓郁的科技创新氛围，发展有利于科技创新的团队文化

为促进创新型科技团队的建设，必须要在更大范围内形成良好的科技创新氛围。首先，要加强科技创新团队文化建设，大力倡导"勇于创新、宽容失败"的创新文化和"唯实、求真"的科学道德风尚，努力营造"百家争鸣、尊重创造"的科技创新氛围，培养有利于促进创新文化和科技创新良性互动的沃土。其次，要鼓励共同学习和终生学习的精神，提升社会创新能力的整体水平，不断形成人人参与科技创新的观念。最后，要有意识地培育创新意识和创新精神、提高公众的科学创新素养。倡导尊重创新、容忍失败的社会文化环境，加快科技创新型社会的建设[1]。除此之外，还应在组织层面，通过科技创新团队的体制创新，塑造出一种唯才是举、量才而用，鼓励竞争，论功行赏的团队文化，使创新科技团队的成员能够紧跟时代的步伐，及时更新科技知识，形成有利于科技创新团队发展的文化氛围，努力实现社会利益、团队利益和个人利益的有效结合[2]。

（二）加大创新科技的平台建设，提高科技创新团队的创新能力

科技创新平台是充分运用信息、网络等现代技术，对科技资源进行系统化的配置和重组，以促进社会科技资源的高效配置和综合利用，提高团队的科技创新能力[3]。科技创新平台系统中包括了公共信息和设备平台、政策平台、资金平台、成果转化以及产业化平台和创

---

[1][3] 周常玉. 江西省科技创新团队建设研究. 华东交通大学，2009.
[2] 胡琛. 创新型企业的创新团队建设研究. 合肥工业大学，2010.

新基地。它的基本功能是通过科技研究和技术开发促使高技术成果成为商品，并形成一定的生产规模，获得相应的规模经济效益，在科技创新平台的基础上形成技术产业链。科技创新平台的建设有利于充分融合创新科技团队的优势，组合资源，避免重复建设，实现资源共享；有利于高层次复合型创新科技人才的培养、团队建设以及整体科技创新能力的提升。因此，应该积极推进科技创新平台的建设，将科技创新团队与企业、科研院所、市场紧密联系起来，促进科技成果的转化，从而提升创新团队对行业科技发展前沿和趋势的把握能力，最终形成具有高度的自主创新能力、强劲的核心竞争力和充满活力的优秀科研创新团队。

相对于我国刚起步的不太成熟的创新科技人才团队平台建设，借鉴、消化和吸收国外科研平台的成功经验是非常重要的。

1. 以国家级、院校级的实验室和普通实验室为平台

在美国，大学的研究工作高度集中在少数著名的大学，以麻省理工学院为代表的二十一所大学所从事的科研量就占了全类大学科研工作的一半以上，而他们多年也来也是美国联邦政府资助经费最多的学府，而科研工作又主要集中在生命科学领域和工程技术等方面，这样就使得以实验平台为基地组建高校科技创新团队成为一种主流。

2. 以研究中心为载体

在美国，这些研究中心是为了促进政府与大学、企业之间的合作研究，加速科技成果的商品化而设立，主要分为两种：一是美国国家科学基金会于1984年开始筹建的工程研究中心，五年一个阶段，这些研究中心除了保持与工业界密切的合作关系外，还通过加强学术界与工业界的信息交流，解决工业界所面临的一些紧迫的技术问题，提高它们在世界上的影响力和竞争力，重塑企业在行业的霸权地位。二是具有跨学科研究性质的独立研究所或研究中心，这种形式打破了院系以及学科之间

的界限，可以优势互补，事半功倍。

3. 因特殊目的而组建的团队

除了以实验室、研究中心为平台和载体的科技创新人才的团队，美国还有以计划项目为依托所组建的或以科研课题为纽带所组建的科技创新人才团队。

（三）加强创新科技人才队伍建设

中观层面要统筹科技领域的重要创新平台，发挥好这些平台，尤其是重点产业中重点创新平台对人才培养的作用，围绕科技创新重点产业，用事业、管理和资金引进和留住一批具有国际影响力的高层次科技创新领军人才，利用创新科技领军人才主导重点产业和领域的虹吸效应，吸引和培养一批科技重点产业需要的高层次创新人才；充分利用科技重点产业的重大项目、重大工程、重点实验室、产学研中心等培养锻炼一批科技领域创新人才；为科技人才的创新以及创新成果转化提供激励、资金、人员等的保障和支持。

三、微观层面

科技团队创新的微观层面就是科技创新团队的管理层面，主要包括团队领导、运行机制、选人用人、任务分配、考核激励、培养锻炼、团队文化建设等。

（一）建立灵活合理的选人、用人机制，培养优秀的领军科技人才

首先，要加强成员之间的有效沟通，增进各成员对团队目标和愿景的理解，并建立广泛的目标认同感与集体归属感，增进成员彼此之间的

信任，充分发挥团队的整体协同力，达到 1+1>2 的效果。

其次，应该根据研究任务的特性和对创新科技人员的素质要求进行选人，杜绝任人唯亲现象的发生，真正做到"按需设岗"，不拘一格地"按才用人"，并通过柔性用人机制使全国各地的优秀人才能够"为我所用"①。

最后，要加强领军科技人才队伍的建设，培养优秀的科技创新团队带头人。作为团队的核心人物，领军人才必须具备战略眼光、市场意识以及扎实的专业基础和高超的问题解决能力。此外，领军科技人才，除了专业素养外，还需要具备良好的组织协调能力，使团队能够始终保持在朝着目标奋进的正确轨道上；还要具有良好的意志品质，做到创新精神和奉献精神的统一，求真务实，淡泊名利。

（二）建立科学有效的创新团队激励机制，构建合理的绩效评价体系

加强对团队的激励也是保证科技创新团队良性发展的有效手段之一。当前对团队的激励机制相对简单，大体来说主要集中在物质奖励方式上。为解决此类问题，我们应该：第一，物质奖励要与精神奖励相结合。按照马斯洛的需求层次理论，人们除了一些生理需求外，最高等级的需求是自我实现的需求，此外也有研究表明创新科技人才对于精神类的奖励方式更偏好。所以，创新团队在物质奖励的基础上需要增加精神类奖励，比如公平待遇、授予头衔、晋升等。第二，实施"外部奖惩集体化，内部奖惩个体化"的约束和激励机制。一方面，外界和上级对于团队的评价和奖惩需要整个团队一起承担，这有助于形成团队的凝聚力；另一方面，不能忽略个人激励，如搞"大锅饭"式的利益分配，极不利于那些在团队中对于自身发展有着强烈要求的成员，这样会挫伤

---

① 柳洲，陈士俊. 我国科技创新团队建设的问题与对策. 科学管理研究，2006：92－95.

他们的积极性和责任感。第三，改革财富分配方式，提高分配制度的激励效果。除了传统的加薪、奖金方式外，对创新团队的领军人才还应积极探索期权、股权、虚拟股份等新的分配形式①。

科学合理的团队绩效评价体系的建立也有助于团队正常、有序地发展和运行。现有研究认为，科技创新团队的绩效评价过程应该选择内部评价和外部评价相结合的方式。这个过程需要选择一些对科技创新团队从事的工作任务比较了解的专家、科研机构和学科带头人对整个团队及其成员做出合理的评价。研究认为科技创新团队的绩效评价指标体系主要包括四个部分：评价角度——内外部评价相结合；评价内容——团队行为、团队产出和团队发展；评价主客体——客体为创新科技团队及其成员，主体是专家和科研机构等；评价标准——评价标准应合理多样，避免单一②。

本 章 小 结

科研创新团队构建，就是以创新科技人才为中心构建创新型的团队。其最终目的是构建一个具有一定系统性结构的，能够产生高科技绩效，并能够对科技领域的发展和创新作出重要贡献的人才群体。科研创新团队构建具有一定特点，并涉及团队成员的选拔、团队角色的划分以及团队建设方针的确定，同时还应当注重信息流通渠道的构建。国内外科学社会学家、心理学家对科研创新团队构建从目的、构成要素、原则等方面进行了较为系统的研究和论述。1949 年后，特别

---

① 胡琛. 创新型企业的创新团队建设研究. 合肥工业大学, 2010.
② 周常玉. 江西省科技创新团队建设研究. 华东交通大学, 2009.

是改革开放以来，我国的创新科技人才培养以及科研创新团队建设工作取得了长足的进步。但是，不可否认，我国在科研创新团队构建方面还存在诸多的问题。为了更好地推动科研创新团队的构建，我们需要从宏观、中观和微观三个角度来进行思考和改进，以促进最终目标的实现。

第八章　科研创新团队领导

第一节　概念界定

一、创新科技人才

《国家中长期人才发展规划纲要（2010~2020年）》指出，人才是具有一定的专业知识或专门技能，进行创造性劳动并对社会做出贡献的人，是人力资源中能力与素质较高的劳动者。

科技人才的定义一直没有统一的标准，国外相关研究并没有"科技人才"的概念，与之相近的概念主要是科技人力资源、专业技术人员、科技活动人员、研究开发人员等。总体而言，科技人才主要是指具有良好品德和科技才能，从事或有潜力从事系统性科学和技术知识产生、促进、传播和应用活动的人。

国外相关研究解释创新科技人才是强调人的综合发展同时要突出创新动机和创新潜力的培养，在情感、智力等方面全面发展，具有独立思考能力、分析能力、批评能力和解决问题的能力高度发展的人才。从工业创新的角度，美国《创新杂志》提出"创新型人才是指能够孕育出新观念，并能将其付诸实施，取得新成果的人"。

多数创新科技人才具有的特征：一是高端性，处于人才金字塔结构的顶端位置，是本行业、本领域中顶尖的科技人才；二是稀缺性，数量相对较少，属于人力资源中的稀缺人才；三是创造性，能够创造出新的有价值、有影响的科学技术、发明专利等；四是典范性，在自身获得重大成就的同时，还能在其所在团队和研究领域起到很好的示范作用，可以带领或激励一大批人的成长。

二、科研创新团队

程勉中（2005）认为，高校科研创新团队是以学科作为依托，由一名或几名成绩突出的科研人员作为领军人物，带领其他科研人员，围绕某一研究领域，不断进行创新性研究的群体。他认为，这种团队模式不是传统的行政模式团队，而是一种"战略集成"团队。团队不仅要负担起学校和学科创新的零头作用，更要负担起培养优秀学生的责任，以培养更多的创新型人才。卜琳华、蔡德章（2008）认为，高校科研创新团队是由适当数量的科研人员组成，将科学技术的研究作为工作的内容，以进行科研创新活动为工作目的，致力于实现某一特定的科研目标的群体。综合以上概念界定，本书认为高校科研团队是指，由高校中具有一定互补知识或技能的人员所组成的，为实现某一特定的科研目标，不断整合利用各种资源进行科研活动的群体或组织。

创新团队指"两个或两个以上的个体，为了创造出一些不同于以往的事务而结合，他们彼此间相互认同，并经由沟通与协调产生行为上的规范，使团队中的每个人向共同的目标努力"。创新团队受重视的原因是因为团队成员有不同的背景及专长，经过相互切磋与合作可以激荡出更多不同的创意，执行复杂任务（闫康年，2004），见表8-1。

表 8-1　　　　　　　　　　　创新团队的特点

项目	特点
目标	集体绩效
协同配合	积极
责任	个体的或共同的
技能	互补的

资料来源：闫康年. 美国贝尔实验室成功之道. 广州：广东教育出版社，2004.

创新团队通常拥有七个结构性的能力，简称"7C"：协作（collaborative）、团结（consolidated）、诚信（committed）、称职（competent）、互补（complementary）、自信（confident）、团队精神（camaraderie）。在创新团队中，"具体执行者、修正者、思想新奇者、资源调查者、监控评估者"等角色各司其职，发挥互补作用，便于带头人协调运作（迈克罗伯逊，2004）。

创新团队的生命周期分为四部分：孵化诞生期、成长（发展）期、高位运行期和衰退（再生）期。

三、科研创新团队领导

当前没有文献对科研创新团队领导做出准确定义，与之接近的概念有团队领导、科研团队领导、领军人物。

团队领导有着不同于一般群体领导的特征：一般群体的领导往往是被任命的，并由某个固定的个人担任；而团队的领导会随着任务和情境的不同而体现在不同的载体上，即它可以是特定的角色职责，也可以是共享的影响过程。团队领导是一种职能，具体地说是动态的、社会激活的和受社会约束的一组职能，这些职能可以由若干个体随着时间推移交替承担，占据团队中的专家权威地位。

科研团队是目前科技相关研究最基本的组织单元。其中，科研团队领导的领导力是由科技感召力、科技洞察力、科技激发力、科技助推力和科技引领力五大子能力构成的。其中，科技感召力主要是团队领导者自身修炼形成的领导能力，科技激发力和科技助推力主要是团队领导者激励被领导者实现既定战略目标的领导能力，科技洞察力和科技引领力主要是团队领导者应对和影响科技领导情境的领导能力。五种领导能力相互作用、相互依存、相互激发而构成了统一的完整的科技领导力体系。

创新型科研团队的领军人物必须具备专业才能、崇高的价值追求、优秀的科学素养、卓越的领导才能、独特的人格魅力、坚韧的拼搏毅力、强大的团队凝聚力和广泛的社会影响力。同时，领军人物具有4个基本特点："策划人""设计师"和"谋略家"；"塑造者"和"传道士"；永葆勇气和激情；站在团队后面。

第二节　理论基础

一、经典理论

（一）团队领导行为理论

Burke等（2006）将Hackman（2002）和Fleishman等（1991）关于团队领导行为的描述整合成一个团队领导行为模型，该模型解释了团队领导行为与团队有效性之间的关系。团队领导首先搜集有关信息，弄清任务的需要和要求，并利用团队内部的结构将信息和团队的行动结合，从而帮助团队有效解决问题。其次，为了开发和团队任务相一致的知识结构，团队领导者需要管理人力资源。管理人力资源的基础是团队领导者要制定有吸引力的愿景或目标，同时创建团队内部有效的结构，并且对团队成员进行专业训练，包括变革式的领导、关怀、授权以及激励等。最后，团队领导者要管理物质资源，同时为团队营造利于团队目标达成的组织支持环境。

（二）团队领导者职能理论

职能领导理论（Functional Leadership Theory）认为，团队领导者的职责是对那些可能潜在地阻碍群体和组织达成目标的因素进行诊断，产生和计划匹配的解决方案以及在复杂的社会领域中执行这些解决方案。团队领导者最主要的工作是做那些没有根据团队需求被充分履行的职能。

Fleishman等将领导者职责分为信息搜寻和构建、在问题解决中使用信息、管理团队成员资源和管理物质资源四大维度。这些团队领导者职责具体通过团队认知过程、动机过程、情感过程和合作过程对团队有效性产生影响。

Morgan（2005）根据职能领导理论通过从3个组织中的外部团队领导获得了117个事件，具体考察了领导者准备、支持性的指导和领导者干涉活动（积极指导和意义建构）对于领导者有效性的影响。结果发现，领导者准备和支持性的指导与领导者有效性正相关；领导者干涉活动和领导者满意度负相关，但随着破坏性事件的增强干涉活动与领导有效性正相关。

如McIntyre（1999）所述，将管理团队转变成领导团队的五个关键领导职能是设定战略目标、建立外部网络、联合关系、有效地传递信息以及聚焦行为。职能领导理论力图定义出团队领导者的核心职责并且通过归纳团队领导者的关键行为以确定团队领导者是如何发展和维持有效的团队互动和团队整合的。该理论的核心逻辑是将领导行为视为团队问题解决。

(三) 团队共享领导理论和分布式领导理论

共享领导是研究者们相对于垂直领导从新的视角来研究在高度变化的环境下团队如何做出反应的一种领导理论。共享领导是一种管理过程，团队成员对领导职责的共同承担和分享，通过将团队的需要与团队成员的知识、技能和能力相匹配，引导彼此实现团队成就或达到组织目标。分布式领导是组织的不同成员根据自己的能力和环境条件的变化动态地分享领导角色。分布式领导不限于个人、不限于正式的职位权力，在复杂多变的动态环境下，是优化组织决策、促进知识型员工参与管理的一种重要领导模式。共享领导和分布式领导是对同一个概念的不同表达。

从现有的研究来看，共享领导主要适用于销售团队、极端行动团队、咨询团队等，并对团队绩效产生积极的影响。Perry 等（1999）考察了销售团队中垂直领导和共享领导，认为销售团队中共享领导更重要；Ensley 等（2006）从美国发展最快 500 家初创企业选取 66 个高层管理团队以及从 Dun 和 Bradstreet 商业征信所的初创企业中随机选取 154 个高层管理团队进行考察，发现垂直领导和共享领导都能够显著地预测初创企业的绩效；但是通过阶层线性模型发现共享领导比垂直领导能更好地解释初创企业的绩效；Carson 等（2007）认为，共享式领导是指领导被分配到团队中而不是只依靠单个的、被任命的某个领导者的现象。他们通过调查 59 个咨询团队考察了共享式领导发展的先决条件以及对团队绩效的影响。团队内部环境、拥有共享的目的、社会支持的态度、外部辅导都是共享式领导发生的重要预测变量；共享式领导能够预测有客户评定的团队绩效。

Klein 等（2006）考察了极端行动团队（外伤急救团队——紧急、不可预测、交互、经产变化的序列任务）的领导委托问题。通过定性调查发现，在极端行动团队中，动态领导委托即高层领导快速地、重复地将领导作用赋予更低层的领导或从更低层的领导中收回，是该系统的核心。动态委托加强了团队的能力并且提高了新手的技能。正是因为紧急性使得领导的价值观和团队结构支持这种共享的、即时的动态领导委托。极端行动团队能够通过将层级和官僚结构与有弹性的工作过程相融合而最终获得快速的协调和可靠的绩效。Mehra 等（2006）应用社会网络分析法考察了工作团队中的分布式领导问题。他们通过分析 28 个现场销售团队的社会测量数据考察了领导感知的网络结构是如何在团队层面上与团队绩效相关联的。他们没有找到领导在团队成员中分配得越多团队绩效越高的证据，即领导网络的分权化（在不考虑不同的网络分权结构时）与高绩效相关不显著。但是他们的确发现存在某种领导分权结构和高绩效相关。

上述研究都显示，共享领导团队比那些自上而下设计的团队领导有更高的团队绩效。但是，在团队中建立一个分布式领导系统是耗时且困难的，甚至拥有所有的领导资源都未必能获得成功。只有在团队成员都认识到在不同时候、不同类型的领导能够并存时才能解决这一悖论。正如 Pearce 等（2009）所述：共享领导未必是团队领导的万能钥匙，团队中的层级领导仍然有着重要的作用。

（四）团队自我领导理论

自我领导是 Manz 在自我管理理论的基础上首次提出的，是人们为了自我指导与自我激励而进行的自我影响过程。自我领导分为三个不同但互补的基本维度：行为聚焦策略、自然报偿策略和建设性思维模式策略。行为聚焦策略指聚焦在自我评估、自我奖励和自我惩罚上的特定行为，如确定长期目标中的自我评估行为、减少习惯性自我惩罚等；自然报偿策略指和完成任务相联系的正性感知和正向经历体验；建设性思维模式策略聚焦在建立和不断转换思维的模式，自我剖析和改进信念系统、正向绩效的精神意向、积极的自我对话以及用正面描述替代负面描述可用于建设性思维的建立。

Oakley（1999）构造了一个虚拟团队的自我领导过程模型，讨论了新沟通技术和新组织结构是如何对自我领导产生相应的挑战的；Elloy（2008）认为，自我管理团队的上级对团队成员的反馈、信任以及鼓励创新的行为导致了自我领导行为、目标设定、自我批评、自我强化、自我期望和自我观察；Konradt 等（2009）应用阶层线性模型分析发现，自我效能和工具性（instrumentality）在自我领导和团队绩效之间起部分中介作用。自我领导是在企业面临竞争更加激烈和环境更加不确定下团队领导的产物，日趋激烈的竞争环境为自我领导研究提供了广阔的空间。上述实证研究结果显示，自我领导能够通过提高团队成员的满意感和效能感从而提高团队绩效。目前，关于自我领导的实证研究较少，仍存在许多问题有待研究者去探讨。

（五）经典理论评述

团队领导研究是团队研究和领导研究的交叉研究领域。从整体上看，团队领导研究相比团队研究和领导研究还是一个新兴领域，团队领导研究在 20 世纪 90 年代以后呈现出快速增长的趋势。

从研究发表期刊、研究者背景以及研究内容来看，以往研究主要是从管理学和心理学两个视角来考察团队领导的过程、行为和绩效等。

在研究方法上，以往研究多采用传统的调查法和访谈法，数据分析以回归分析和相关分析为主。

在研究视角上，以往研究存在领导的团队中心观和团队的领导中心观两种研究视角。前者是以团队理论为基础主要探讨团队领导的职能，后者是以领导理论为基础探讨领导理论在团队层面的应用。

二、最新研究综述

近几年来,科研创新团队的问题越来越引起政府和国内外学者的关注。但目前,科研创新团队的研究极其有限。因此,本书对相关的研究进行综述。

(一) 领导风格

郭玮提出,个体导向的真实型领导透过上级支持对员工创新结果具有显著促进作用;团队导向的真实型领导对员工个体和团队整体的创新呈正向作用。

侯光明通过对创新团队的领导机制进行深入研究,分别从创新团队领导的行为基础、领导模式和领导过程3个层面探讨创新团队的领导问题,并指出创新团队有效领导的一般原则。首先是创新团队领导的权力基础,他认为,有效的创新团队领导运用的权力基础有别于传统组织中领导运用的权力基础;有效的创新团队领导是善于运用专家性、参照性、说服性和魅力性权利基础的领导;影响力主要来自个人能力,而不是组织赋予的。其次,提出与团队生命周期相适应的团队领导模式与团队规范的形成情况,详见表8-2:

表8-2　　创新团队规范与生命周期内领导模式选择关系

生命周期	形成期	发展期	成熟期	收获期
有效领导模式	命令式	支持式	参与式	授权式
团队规范情况	尚未建立	初步建立	调整运行	稳定运行

资料来源:侯光明,晋琳琳.双元领导对团队创新绩效影响研究——基于惯例视角.科技进步与对策,2005 (10):178-180.

最后，提出优秀领导应当遵守的 5 点一般原则：优秀的团队领导总要力求团队的目标、目的和方式有意义，并确保团队成员达成一致共识；对创新团队的技术保持警觉；处理与外部人员的关系，包括清除团队发展道路上的障碍；淡泊名利，为别人创造机会；创新团队领导要做具体的工作。

Eisenbeiss 等（2008）认为，变革型领导倾向于支持创新，但其创新只有在创新氛围较好的时候才会表现出来，因此这种领导风格并不完全适用于创新团队的管理。

韩杨等（2016）构建了一个"双元领导行为——团队双元文化——团队创新绩效"的影响过程模型，探讨了领导行为的协调作用，同时以成员自我导向和环境动态性为调节变量，研究在此影响过程中团队内外部情景因素的调节作用。得出四个结论：（1）双元领导对团队创新绩效具有积极影响并且显著优于单一领导方式，而变革型领导和交易型领导对团队创新绩效的影响并无显著差异，但要显著优于无明显领导风格的团队，且这两种领导方式能够产生协同效应，其交互正向影响团队创新绩效；（2）双元领导主要通过团队双元文化部分中介作用直接或间接影响团队创新绩效，但其所包含的变革型和交易型领导行为对团队创新绩效的作用机理存在差异，变革型领导主要通过适应性文化的部分中介作用直接和间接影响创新绩效，交易型领导则通过一致性文化的部分中介作用直接和间接影响创新绩效；（3）自我调节导向在双元领导与团队创新绩效关系间发挥正向调节作用；（4）环境动态性在双元领导与团队创新绩效关系间发挥正向调节作用，如图 8-1 所示。

（二）领导行为

Zhang 等在内在动机理论基础上，指出领导力是透过个体的心理感知来影响员工行为,因此提出"领导行为——心理感知——员工创新结果"逻辑主线。

```
                    ┌─────────────┐
                    │  环境动态性  │
                    └──────┬──────┘
                           ↓
┌─────────┐      ┌─────────────┐      ┌─────────────┐
│ 双元领导 │ ───→ │ 团队双元文化 │ ───→ │ 团队创新绩效 │
└─────────┘      └─────────────┘      └─────────────┘
                           ↑
                    ┌─────────────┐
                    │成员自我调节导向│
                    └─────────────┘
```

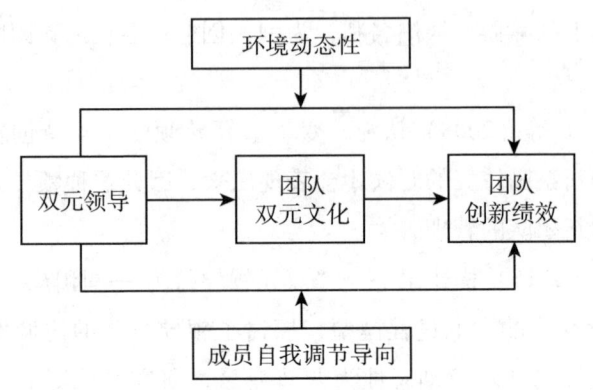

图 8-1　双元领导行为——团队双元文化——
团队创新绩效的影响过程模型

资料来源:韩杨、罗瑾琏、钟竞. 研究型大学创新团队领导问题探析. 管理科学,2016,29(1):70-85.

张鹏程等基于社会网络视角,提出员工的社会互动是团队导向领导影响团队的机制。因此选择以团队成员之间的相互协作、内部沟通与人际支持为构念的团队协力作为中介变量,提出了"领导行为——团队协力——团队创新"的逻辑主线。

陈春花提出一个"领导过程——团队过程——团队绩效"关系图,她认为,团队的领导过程和团队领导的心智模式从根本上影响到团队的认知过程。团队领导的责任之一就是培养团队成员对团队环境、目标和任务的理解,并向团队成员沟通其关于团队的心智模式。完善的团队共同心智模式可以使团队成员更好地预测相互之间的行为和对团队任务做出更好的反应。同时也提出,团队的领导过程对团队动机形成的影响是通过培养团队凝聚力和团队的集体功效来实现的。高的凝聚力和强的集体功效感促使团队成员愿意主动承担责任并相信通过共同努力能完成团队任务。能提高团队凝聚力和加强团队集体功效的领导过程，可以提高团队的绩效。而团队的情感体验过程实际上是团队成员关于冲突和情绪自我控制的过程，在团队领导过程中表现出来的对团队冲突适当地控制和对团队情绪不断地激发，有助于形成团队积极向上的氛围，激发团队实现团队目标的信心和勇气。团队的相互调节过程是团队成员将各自的知识、能力和技能进行确认和整合，形成一个互动合作的机制的过程，如图 8-2 所示。

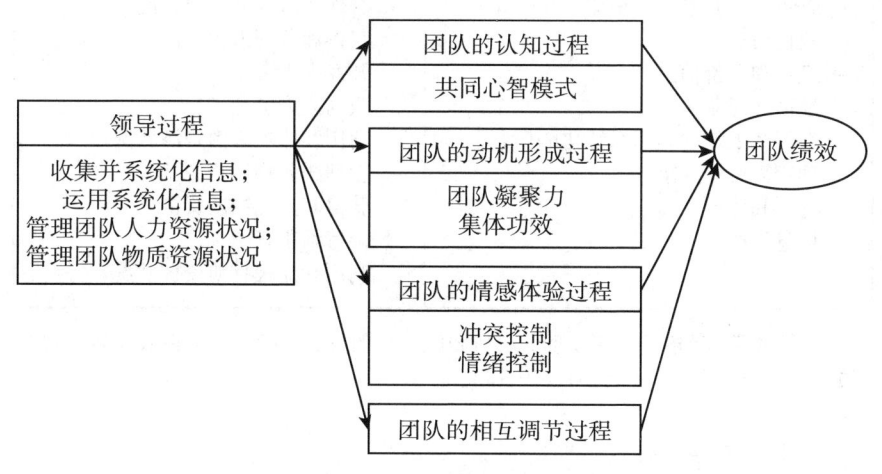

图 8-2 领导过程——团队过程——团队绩效关系

资料来源：陈春花，杨映珊.科研团队领导的行为基础、行为模式及行为过程研究.软科学，2002，4 (16)：10-13.

（三）领导功能

而王冬经过对王智彪创新团队的研究，在论文中提出领军人物在创新团队中的基本特点及基本功能。

基本特点包括4点：（1）"策划人""设计师"和"谋略家"；

(2)"塑造者"和"传道士";(3)永葆勇气和激情;(4)站在团队后面。

陈春花认为,科研团队领导的基本功能包括四个方面的内容:(1)收集信息并使其系统化;(2)将系统化的信息运用于团队工作中;(3)管理团队的人力资源状况;(4)管理团队的物质资源状况。见表8-3。

表8-3　　　　　　　　　科研团队领导的基本功能

1. 收集信息并使其系统化 　获得信息 　组织和评价信息 　反馈和控制 2. 在团队工作中运用系统化的信息 　确定需要和要求 　计划和协调 　信息沟通	3. 管理团队人力资源状况 　获得和分配人力资源 　开发人力资源 　激励人力资源 　利用和监视人力资源状况 4. 管理团队物质资源状况 　获得和分配物质资源 　维持物质资源 　利用和监视物质资源状况

资料来源:陈春花,杨映珊. 科研团队领导的行为基础、行为模式及行为过程研究. 软科学,2002,4(16):10-13.

(四) 领导素质

科研团队领导力三环模型(Daft,2008)指出,领导力的结构由领导者、情境和被领导者三大要素共同决定,是三者互为引发、交互促动和相互匹配的结果,如图8-3所示。因此,对于领导力结构的研究应该从领导互动过程切入,通过系统分析领导情境特征和被领导者特征,进而寻找情境、被领导者与领导者能力结构之间的最佳匹配。受以上观点的启发,谢晔建立了科研团队领导力三环模型。并得出结论:科研团队领导力是由科技感召力、科技洞察力、科技激发力、科技助推力和科技引领力五大子能力构成的。其中，科技感召力主要是团队领导者自身修炼形成的领导能力，科技激发力和科技助推力主要是团队领导者激励被领导者实现既定战略目标的领导能力，科技洞察力和科技引领力主要是团队领导者应对和影响科技领导情境的领导能力，五种领导能力相互作用、相互依存、相互激发而构成了统一的完整的科技领导力体系。

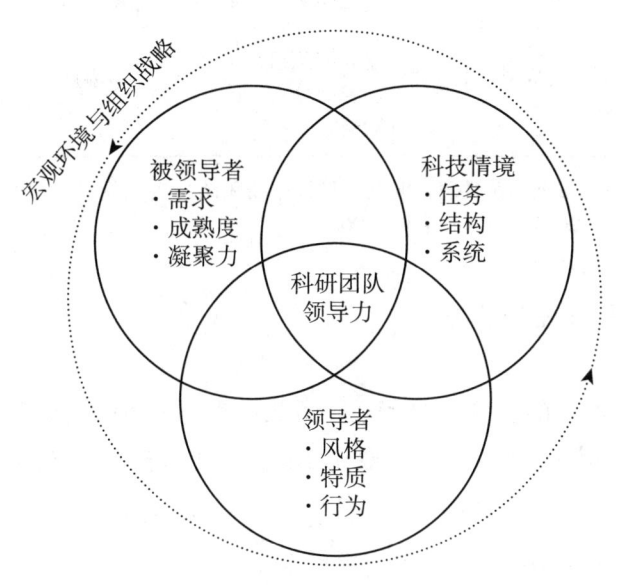

图 8-3 科研团队领导力三环模型

资料来源：谢晔、霍国庆. 科研团队领导力结构研究. 科研管理，2014，35(4)：130-137.

黄帼认为，科技创新团队由带头人、人才和平台三大要素构成，带头人的个人素质和能力往往决定一个团队的高效运作和未来发展水平。因此，必须重视对带头人领导力的可测量化的甄别。具体的领导力素质模型评价因素见表 8-4。

表8-4 领导力素质模型评价因素

层级	实现团队科技创新	创造团队组织优势	引领团队价值导向
层级一	前瞻性预测科技创新需求；提出创新战略目标并实施	以科技创新为目标，树立团队文化观、价值观；打造高绩效团队	为团队的整体利益考虑，不计得失、不畏权威；勇于突破、挑战自我
层级二	围绕科技创新，建立创新平台；争取创新性项目和任务并积极完成	优化团队运行机制，制订团队人才发展计划；促进团队高校运作	待人处事公平公正、坚持原则；工作中带头承担挑战性项目
层级三	按计划完成科研目标和任务	建立团队组织构架，明确组织分工，团队交流顺畅	做事严谨，为人正直诚实，工作敬业

资料来源：黄幅，黄佳男，耿玮. 科技创新团队带头人领导力素质模型研究. 农业科技管理，2015，34（1）：90-96.

三、本章理论模型

参考陈春花的"领导过程——团队过程——团队绩效"模型和韩杨的"双元领导行为——团队双元文化——团队创新绩效的影响过程"模型，本书构建了"科研创新团队领导——领导过程——团队过程——团队创新绩效"模型。

科研创新团队领导的领导过程从根本上影响团队的认知过程，而团队的认知过程进一步影响团队的创新绩效，如图8-4所示。

创新型科技团队领导 → 领导过程（-收集并系统化信息 -运用系统化信息 -管理团队人力资源状况 -管理团队物质资源状况）→ 团队过程（-团队的认知过程 -团队的动机形成过程 -团队的情感体验过程 -团队的相互调节过程）→ 团队创新绩效

图8-4 "科研创新团队领导-领导过程-团队过程-团队创新绩效"过程模型

第三节 国内外科研创新团队发展现状与问题

一、国内外科研创新团队的发展

（1）中小规模的科技创新团队在高校最常见。

（2）学科带头人型科技创新团队目前在高校最普遍，其次是学科方向型、项目管理型，最后是产学研结合型。

（3）科技经费是维持高校科技创新团队最主要的因素，其次是科技平台、研究兴趣、团队文化和激励政策。

（4）团队领导者的能力素养是高校科技创新团队创新能力提升最主要的因素，其次是团队成员的能力素养、团队的管理制度、团队的学术梯队和团队项目可行性。

二、我国科研创新团队领导存在的问题

（一）宏观层面

1. 科技创新团队领军人物匮乏

我国经济社会已发展到面临跨越"中等收入陷阱"的阶段，国家亟须转变发展方式，将现行的发展方式转换到创新驱动的发展轨道上。以前的经济社会发展模式对创新的需求较弱，造成我国各领域，尤其是科技领域忽视了对科技团队创新领军人物或团队领导人物的培养，具有创新思维、创新能力和综合管理能力的领军人物或领导人物在科技领域相当匮乏，数量上远远不能满足当前我国经济社会实施创新驱动发展战略的需要。

2. 国家层面缺乏科技创新团队领军人物的系统培养

一是国家现行教育以分数为导向，且不支持全面发展的评价体系不利于创新型领军人物的培养；二是国家缺乏领军人物系统培养的顶层设计，领军人物培养和引进缺乏有效的整体规划与培养平台，体制束缚无法破除，用人制度不能自主，管理方式行政化较重，激励制度无法配套，资金和组织保障无法到位等，均制约了各行业领军人物的系统培养，致使领军人物自发成长，可遇而不可求。

3. 社会管理文化和组织或企业管理模式制约科技创新团队的领导

科技团队创新有自身的发展规律，需要相适应的社会和人文环境，国内厚植儒家思想的社会和人文环境制约科技团队的创新，从而削弱了团队创新导向的领导力。

（二）微观层面

1. 科技创新团队领导的手段还不够丰富

国内科技团队创新领导理论研究尚不完善、尚不系统、尚不成熟，且国外相关理论的中国化也远远没有跟上实践需要的步伐，在实际工作中出现国内现有科技团队创新领导相关理论不能够支撑、不能够指导科技团队创新的领导实践。团队领导在文化构建、人员选拔、考核评估、员工培养、环境塑造等方面的手段在选择和实践上都不够丰富。

2. 科技创新团队领导的综合能力也有待提高

科技创新团队领军人物在缺乏国家统筹的培养的前提下，不得不面对自学成才，甚至有些自学无门的尴尬境地。领军人物创新相关的领导能力得不到充分的提高，不能够满足现实中实践的需要，给科技团队带来创新绩效不明显等诸多问题。同时，创新驱动发展的理念刚刚提出，我国在科技领域尚缺乏创新型领导的实践平台，上升总结经验的实践还较为匮乏，这也是制约科技领域创新团队领导综合能力提高的一个重要因素。

（1）缺乏顶层设计，尚未出台具体的科研创新团队建设的法律法规。部分科研创新团队是自发形成或临时搭建的，出现组建支持力度不足、团队建设不理想的状况。（2）科研创新团队的考评体系和管理体制不完善。（3）科研创新团队的学科交叉整合不足。（4）缺乏有效管理。

第四节　对策与建议

一、宏观层面

（一）搭建和拓展科技领域创新团队领导锻炼成长的多样性实践平台

加大在科技领域的各相关方面的投入，尤其是在理论物理、数据通信、化学材料等基础领域，在国计民生、国防安全、生物制药等民生领域，在人工智能、集成电路、虚拟现实等尖端科技领域的投入，搭建和拓展充足的实践平台，给予平台充分的资金投入和管理自主权。一是给创新团队领军人物的培养和成长提供平台和机会；二是在实践中实现创新，并丰富创新实践的理论经验。

（二）加强科技领域创新团队领导的基础理论研究

在创新平台拓展、创新实践丰富的基础上，有意识地丰富实践，总结我们自己的经验，并实施推广；加大对东亚相同人种和文化背景的国家和地区创新经验的总结，以及创新领导特征、领导素质、领导风格、领导行为、领导手段等的研究，筑牢科技领域创新团队领导的理论基础，为推动我国创新驱动发展战略的实施助力。

（三）营造有利于科技创新团队领导成长的环境

健全知识产权保护制度，建立健全创新领导相关的激励机制，加大对科技团队创新相关的组织保障和资金投入，在全社会范围内营造有利于科技领域创新团队领军人物成长的环境。

（四）根据我国产业发展的现状和趋势，合理设计创新团队的宏观布局

在深入分析和把握国内外经济社会发展的基础上，对我国新兴产业和未来产业发展的现状和发展趋势进行分析，针对产业共性技术和关键性技术，以平台建设为基础，以科技领军人才为核心，确定我国科技创新团队的合理布局，制定建设的合理计划。

二、微观层面

（一）培养团队精神

团队合作是在现代社会中完成各项事务的一种卓越的方式，前提是要有良好的团队精神。一个团队的精神，是它的信仰和灵魂，它超越利益而存在，让团队成员紧密团结在一起。如果能坚守"实事求是、不骄不躁、勇于创新、勇往直前"的团队文化，那么团队就能投身于知识的汲取和创新中。

（二）健全人才选拔和引进机制

杨迎认为选拔和评价一个能够带领科研创新团队的领导，要实行"公开选拔、择优聘任"的制度，坚持"公平、公开、竞争、择优"的选拔和聘任原则，不仅要考虑其知识、技能和创新能力，还要考虑其组

织协调能力、对外合作能力、凝聚成员的能力、百折不挠的毅力和精神等素质。在人才的选用上，要以认知为导向，"按需设岗""按才用人"，以柔性的用人机制使得优秀的人才能够为我所用。

（三）制定科学合理的团队薪酬体系

张维和认为：一是，减少团队成员之间的薪酬差距能够提高团队绩效，因此，可以采用以团队整体为对象的薪酬体系设计，当团队完成目标认为后，薪酬根据个人贡献而增加。二是，根据赫茨伯格的双因素理论，区分薪酬的保健因素和激励因素，注重激励因素对团队成员的作用。三是，将外在薪酬与内在薪酬相结合。四是，增加正面奖励，减少负面奖励。有些团队设置"特殊贡献奖"来奖励将自己的知识与团队成员进行共享的成员，这种措施在运行中取得了良好的效果。

（四）建立科学合理的激励和约束机制

一个团队，如果能够奖惩分明，有一个公平廉正的团队带头人和团队政策就能够推动其成员的进步，能够提高其科研积极性和工作动力，进而推动整个团队不断向前进步。

（五）双元领导需要注意到团队内外环境因素

组织外的环境是不断变化的，不过变化的幅度和速度有所不同。技术和市场需求不断变化，对于企业来说市场机会转瞬即逝。领导者对环境的变动要有敏锐的感知、冒险精神和基于不完全信息做决策的能力。双元领导一方面鼓励成员挑战"权威性"的知识，用新知识和新方法解决问题；另一方面要强调制度和规范的权威性，降低风险和不确定性。

(六) 学习西方真实型领导风格的特质

研究发现，西方领导的领导学理论，并不会完全在团队中被适用，在中国的真实型领导研究中发现，与中国传统文化中"德"的内在要求有较好的契合，德才兼备的领导能够提升成员的创新能力。

(七) 采用变革型领导方式

在创新型的文化氛围下，变革型领导对创新的促进作用更为明显，但积极效果并非十分稳定。所以，建议团队领导采用变革型策略，来提升团队创新水平。团队领导应该阐述团队发展的未来愿景，强调领导者与被领导者之间的互动，重视团队成员的需求。

(八) 团队领导者注重日常工作中的团队导向

营造成员与领导者之间、成员之间的信任，鼓励和提倡团队内部信息、知识、情感的共享，并形成彼此信任、相互真诚的团队文化。

(九) 保持对技术的敏感性

团队领导要注意团队内技术的组合以及技术水平，因为如果技术需求和实际拥有的技术之间存在过大的缺口，任何团队都无法获得成功。同时，不应该仅仅在团队刚刚建设时评价团队，在团队发展的过程中也要保持对团队的评价和提高。

(十) 加强对知识的管理以及信息的交换

对科技创新团队的管理要注重将个人的知识转化为组织的知识，从而实现组织知识的不断增长。科研团队的行为要围绕着知识的交流、共享、创新、增长等行为开展组织的知识管理。管理者还应该对科技团队进行足够的授权、减少行政障碍并给予足够的资源，使得团队成员能够更加自由地进行信息和知识的交换和整合。

本 章 小 结

科研创新团队领导是具有科技感召力、科技洞察力、科技激发力、科技助推力和科技引领力五大领导能力的，其会随着任务和情境的不同而体现在不同的载体上，即它可以是特定的角色职责，也可以是共享的影响过程。国内外相关学者从领导风格、领导行为、领导功能、领导素质等方面对科研创新团队领导问题做了论述。本章通过理论模型的构建揭示了科研创新团队领导与绩效之间的关系。目前，我国科研创新团队领导的问题涉及宏观和微观两个层面，包括：科技创新团队领军人物匮乏、国家层面缺乏科技创新团队领军人物的系统培养、科技创新团队领导的综合能力有待提高等具体问题。解决这些问题，我们需要从宏观和微观两个角度出发，提供支持，塑造环境，培养精神，改进机制。

第九章 科研创新团队激励

科技创新关键在人才，大力培养和吸引科技人才已成为世界各国赢得国际竞争优势的战略性选择。《国家中长期人才发展规划纲要（2010~2020年）》提出人才队伍建设的主要任务之一是加强领军人才、核心技术研发人才培养和创新团队建设。科技创新团队作为科学研究的一种有效组织形式，通过分工协作和优势互补，能极大地提高科研创新效率。近年来，我国科学研究适应当代科技发展的趋势，基于团队协作的科技创新活动已经成为科技研究的主流形式，但是，关于如何激励科技创新团队，却还没有形成一个系统的认识。因此，有必要对科技创新团队激励进行综述，为科技创新团队的管理提供启示，推动科技创新团队发展。

第一节 概念界定

20世纪末，国内理论界引入"创新"一词，由此出现了"科研创新"的研究方向。科研创新团队这一团队类型的出现正是由于社会对科技创新结果迫切需要所引发的。杨宗仁（2009）认为，科研创新团队是创新理论和团队概念整合的结果，是创新理论在科学技术领域的渗透和应用。

学者们对科研创新团队的定义大同小异，普遍认为科研创新团队是为了团队成员共同的科研创新目标而组建的工作群体。例如，朱学红（2007）认为科研创新团队是以科研创新为目的而组建的团队，科研创新主要是指与科技发展相关的全部创造性活动，它包含一种特殊的精神气质，凸显洞察力和独创性的交汇，是新观念和新方法的融合，包括科学知识的生产和新技术、新产品的研发、技术成果的引进与本土化、成果推广等。林泽炎和刘理晖（2008）提出科研创新团队是在共同的科技研发目标下，由团队带头人和一定数量的科技人员组成的，通过分工合作，创造出具有自主知识产权成果的科技研究群体。美国项目管理委员会（PMI）将科研创新团队定义为为了便于有效地管理科研工作以实现创新性战略研究目标而将项目、科研人员以及其他工作集合在一起的组合。孙永河等（2010）提出科研创新团队是为实现特定目标以重大科研项目或创新平台为依托由优秀中青年科研人才凝聚而成的创新研究群体，是科研学术组织中维持学科固有关系、顺应现代学科发展趋势的一种新型人才组织模式。

关于科研创新团队的形式，不同学者的看法不尽相同，没有形成统一的认识。朱学红（2007）认为，企业里的产品技术开发团队、高等院校里的科研创新团队等都属于科研创新团队。而袁军鹏等（2013）将国内科研创新团队从组建主体的层次分为以下四种形式：一是由国家专项基金实施资助的科技创新团队；二是中国科学院、国家国防科技工业局（原国防科工委）实施资助的科技创新团队；三是地方资助的科研创新团队；四是部分高校、科研院所和企业自主支持的科研创新团队。王兰芬（2013）则按照科研创新团队组建的目的，将科研创新团队分为三种类型：一种是以学科建设为中心的科研创新团队，该团队的目标是通过科学研究与学科人才培养来提高某个学科今后的水平；另一种是以科研项目为中心的科研创新团队项目团队，来自不同的学科背景的团队成员使得项目团队具有跨学科的特征；还有一种是复合型科研创新团队，其既肩负学科建设的任务又肩负科学研究的任务。

第二节 理论基础

激励是指组织通过设计适当的外部奖酬形式和工作环境，以一定的行为规范和惩罚性措施，借助信息沟通来激发、引导、保持和归化组织成员的行为，以有效地实现组织及其成员个人目标的系统性活动，被认为是"最伟大的管理原理"。管理心理学把激励看成是"持续激发动机的心理过程"。激励水平越高，完成目标的努力程度和满意度也越强，工作效能就越高；反之，激励水平越低，则缺乏完成组织目标的动机，工作效率也越低。激励理论是关于如何满足人的各种需要、调动人的积极性的原则和方法的概括总结。激励的目的在于激发人的正确行为动机，调动人的积极性和创造性，以充分发挥人的智力效应，做出最大成绩。

自从20世纪二三十年代以来，国外许多管理学家、心理学家和社会学家结合现代管理的实践，提出了许多激励理论。这些理论按照其所研究的侧面不同，可分为内容激励理论、过程激励理论、行为后果理论、综合激励理论；理论学派可分为行为主义学派、认知派、综合型等。

一、内容激励理论

内容激励理论，是指针对激励的原因与起激励作用的因素的具体内容进行研究的理论。这种理论着眼于满足人们需要的内容，即：人们需要什么就满足什么，从而激起人们的动机。内容型激励理论重点研究激发动机的诱因，主要包括马斯洛的"需要层次论"、赫茨伯格的"双因素论"、麦克莱兰的"成就需要激励理论"和奥德弗的 ERG 理论等。

最具代表性的马斯洛需要层次论是由美国心理学家亚伯拉罕·马斯洛在 1943 年在《人类激励理论》中提出的，他认为人类的需要是有等级层次的，从最低级的需要逐级向最高级的需要发展。需要按其重要性依次排列为：生理需求、安全感的需求、归属感的需求、被人尊重的需求和自我实现的需求。并且提出当某一级的需要获得满足以后，这种需要便中止了它的激励作用。

20 世纪 50 年代初期，美国哈佛大学的心理学家戴维·麦克利兰集中研究了人在生理和安全需要得到满足后的需要状况，特别对人的成就需要进行了大量的研究，从而提出了一种新的内容型激励理论——习惯性需求理论。他认为，某些种类的需求在人们的一生中已经成为他的习惯。换言之，人们并不是天生就具有这些需求，而是在生活中逐步学习并成为习惯的。习惯性需求有三种类型：对成就的需求，对广泛关系的需求，对权力的需求。

20 世纪 50 年代末期赫茨伯格提出了双因素理论。第一个维度称为保健因素，包括工作中不满因素的存在或不存在的状态，如工作条件、工资、公司政策和人际关系。当保健因素很匮乏时，工作就会使人不满，这一点与马斯洛所述的缺乏性需求相似。好的保健因素可以消除人们的不满，但是他本身并不足以使人们得到满足。第二个因素着实影响对工作的满足感——激励因素。当激励因素存在时，员工们被高度激励起来，并且得到满足。

美国耶鲁大学的克雷顿·奥尔德弗在马斯洛提出的需要层次理论的基础上，进行了更接近实际经验的研究，提出了一种新的人本主义需要理论。奥尔德弗认为，人们共存在 3 种核心的需要，即生存（existence）的需要、相互关系（relatedness）的需要和成长发展（growth）的需要，因而这一理论被称为 ERG 理论。

二、过程激励理论

过程激励理论重点研究从动机的产生到采取行动的心理过程。主要包括弗鲁姆的"期望理论"、洛克的"目标设定理论"和亚当斯的"公平理论"等。

1964 年，北美著名心理学家和行为科学家维克托·弗鲁姆在《工作与激励》中提出了期望理论。这个理论可以公式表示为：激动力量＝期望值×效价。在这个公式中，激动力量指调动个人积极性，激发人内部潜力的强度；期望值是根据个人的经验判断达到目标的把握程度；效价则是所能达到的目标对满足个人需要的价值。公式说明，人的积极性被调动的大小取决于期望值与效价的乘积。即一个人对目标的把握越大，估计达到目标的概率越高，激发起的动力越强烈，积极性也就越大，在领导与管理工作中，运用期望理论与调动下属的积极性具有一定意义。

1967 年，美国马里兰大学管理学兼心理学教授洛克和休斯在研究中发现认为目标本身就具有激励作用，目标能把人的需要转变为动机，使人们的行为朝着一定的方向努力，并将自己的行为结果与既定的目标相对照，及时进行调整和修正，从而能实现目标。这种使需要转化为动机，再由动机支配行动以达成目标的过程就是目标激励。目标激励的效果受目标本身的性质和周围变量的影响。许多学者做了进一步的理论和实证研究，如尤克尔和莱瑟姆认为，目标设置应与组织成员参与、注意个别差异和解决目标艰巨性等因素结合运用，并提出了目标设置的综合模式；班杜拉和洛克等人则认识到目标对动机的影响受自我效能感等中介变量的影响；德韦克及其同事在能力理论基础上，区分了目标的性质，并结合社会认知研究的最新成果，提出了动机的目标取向理论等。

20世纪60年代，美国学者亚当斯在综合有关分配的公平概念和认知失调的基础上提出了公平理论。该理论认为，对自己的报酬的知觉和比较的认知失调，导致当事人的心理失衡，即不公平感和心里紧张。为减轻或消除这种紧张，当事人采取某种行动以恢复心理平衡。如果报酬公平，当事人就会获得满足感，从而激励当事人的行为。

三、行为后果理论

行为后果激励理论是以行为后果为对象，研究如何对行为进行后续激励。这一理论包括强化理论和归因理论。

强化理论是美国心理学家和行为科学家斯金纳等人提出的一种理论。强化理论是以学习的强化原则为基础的关于理解和修正人的行为的一种学说。所谓强化，从其最基本的形式来讲，指的是对一种行为的肯定或否定的后果（报酬或惩罚），它至少在一定程度上会决定这种行为在今后是否会重复发生。根据强化的性质和目的，可把强化分为正强化和负强化。在管理上，正强化就是奖励那些组织上需要的行为，从而加强这种行为；负强化与惩罚不一样，惩罚是对一些错误的行为采取的一些使人受挫的措施，负强化是告知人们某种行为是不可取的，如果做了这种行为会受到什么惩罚，从而削弱这种行为。

1958年，美国心理学家海德提出了归因理论，后由美国心理学家韦纳及其同事的研究而再次活跃起来。归因理论是探讨人们行为的原因与分析因果关系的各种理论和方法的总称。归因理论侧重于研究个人用以解释其行为原因的认知过程，亦即研究人的行为受到激励是"因为什么"的问题。

四、综合激励理论

1968年，美国心理学家和管理学家波特和劳勒，他们在《管理态度和成绩》一书中提出了"综合激励模型"，说此理论综合是因为该模板吸收了需要理论、期望理论和公平理论的成果，使其更为全面、更为完善。综合激励理论的内容如图9-1所示：

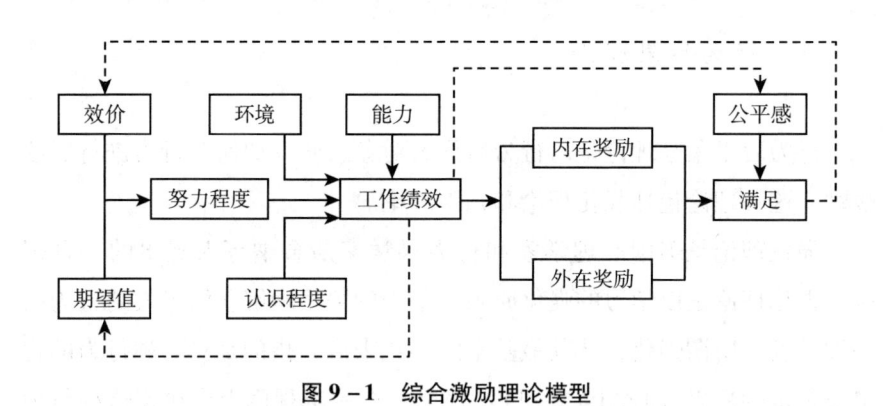

图9-1 综合激励理论模型

第三节 我国科研创新团队激励的现状与问题

一、现有的职称评审和科研制度不够完善

现行的聘期考核制、职称评审制度、工资津贴分配制度很容易使科技人员形成急功近利和浮躁的学术风气，不利于团队间的有效合作，甚

至成为影响科研项目进展的一大障碍。长久以来，职务晋升和职称晋升一直是科技人才非常关心的事情。这是对科技人才工作成绩认可度的具体表现，也是对科技人才产生持久激励的有效方法。科技人员具有很强的自尊心，他们更重视自己在团队中的作用，追求发挥自己专长，强烈希望得到团队认可，而在大多数单位中，科技人才的晋升却还是按资排辈进行的，或者靠关系、靠背景，这种晋升方式让很多年轻、有抱负的科技人才最终失去了工作热情，进而影响到个人的绩效考核。绩效考核的最终目的是改善科技人才的工作表现，并提高科技人才的满意度和成就感，遗憾的是目前各单位普遍没有建立符合本单位特点的系统、有效的绩效考核制度。具体表现在：一是考核目的不明确，考核标准缺乏科学性，笼统模糊，没有量化，考核指标单一化；二是考核人员思想认识模糊，对考核没能引起高度重视，考核结果失真；三是考核结果和奖酬联系不紧密，考核结果的运用不合理。以上种种制度设计中存在的缺陷都会生成一种不利于科研创新的土壤，最终导致科研创新成果的贫瘠发展。

二、物质激励与精神激励不能有效地结合起来

基于经济交换理论，个体是理性自私的，科技人员的创新动力不仅仅体现在物质需求回报的层面，更多的是体现在精神需求层面，甚至精神层面的需求会占据主导地位。而我们的管理者却在很大程度上忽略了科技人才的心理需求，忽略对科技人才的情感管理，对人才的弹性工作时间和地点、工作内容的丰富性、趣味性、挑战性等精神激励因素往往予以冷落或难以落到实处。这种缺乏人性化管理在管理工作中没有真正体现以人为本的理念，对科技人才的合理需求不够重视和尊重，极大地挫伤了科技人员创新的积极性。

三、对科技人员工作本身的激励单一

在我国,大部分单位对科技人才的激励手段单一,或者说对科技人才没有可持续的激励手段,主要采用的还是与组织成员相同的薪酬方式。只靠工资、奖金、福利等形式来调动科技人才的积极性,薪酬只反映了员工在当时阶段应得的报酬,在短期内对科技人才起到激励的作用,在长期内,对科技人才的激励就会变差。实际上薪酬所产生的激励属于保健激励,只能防止员工不满情绪的产生,却不能有效地调动科技人才的积极性和创造性。

四、没有建立公平与差异相统一的激励机制

在科研的实际工作中,激励大都倾向于科研团队的带头人,忽略了其他核心成员,加之在奖励方面不能实现公平、公开、公正,违背了学术团队建设的平等参与、协商合作的精神,容易挫伤其他科技人员,尤其是年轻科技人员的积极性。而由于科技创新团队的运作需要具有高度的合作性,团队成员具有较强的优势互补性,团队的研究成果也往往是通过团队整体的劳动成果体现的,单一成员的绩效不易量化,单个成员的劳动成果常常无法被准确地度量,所以,在团队的激励政策中,就很容易出现奖励政策"一刀切",忽视对不同类型的团队、承担不同职责人员的分类激励。在没有根据团队成员个体的岗位进行有效分配的情况下,"一刀切"的政策,工资、奖金的发放论资排辈,容易挫伤绩效突出的创新科技人才的积极性。

五、没有很好地将团队激励与个人激励相统一

在科研团队中，科技人员自身往往就拥有某个领域的知识资本和特殊技能，而大多数单位没有重视激励因素对科技人才本身和单位发展的作用，除了安排科技人才工作外，没有根据科技人才的特点和专长赋予有挑战性的工作，没有让科技人才参与到开发研究等开拓性工作中来，导致科技人才得不到充分施展才华的机会。尤其是在我国大学里，高校现行的科研考核制度、经费资助制度、科研奖励制度，以及成果转化后的经济效益分配等，存在大量的不利于团队成员合作的因素。激励政策过分倾向于成果数量质量排第一的人员，导致存在"重个体，轻集体"问题，晋升职称、科研奖励和科研津贴等方式，但大都过分注重考虑项目、成果、论文论著的第一著作者和责任人，而对其他的骨干则不予重视，津贴制度建立在"重数量、轻质量"的评价制度上。同时，团队合作获得的利益在团队成员之间的分配制度也不明确，不注重科研团队项目参与人员的贡献，存在引起矛盾及冲突的可能性。在这种考核和激励方式的长期实施下，团队整体性就会被削弱、团队内部成员积极性下降，科研潜能的激发也会受到制约，最终影响到一些大型科研项目的顺利执行。

第四节 对策与建议

一、完善现有的科研激励制度

物质奖励上，应当注重在尊重个人劳动成果、实行按劳分配的总体

原则下，提高团队整体奖励的比例。合理减少团队成员间的收入分配差距，但又不盲目地实行绝对平均主义，在独立性强的项目上实行按成果取酬领奖，在合作性强的项目上实行按集体分配取酬领奖；经费划拨上，应当减少团队领导者在经费分配上的绝对权力，转而采用项目制分项划拨的机制，将经费支配权下放到各个分项中去，共同商讨出合理的预算开支；心理激励上，应当注重对团队的整体评奖评优，适当避免某些奖项由个人代替团队领奖的情况产生，并且在典型事例塑造、先进人物表彰、优秀事迹传播的过程中，注重对团队贡献的客观描述，以形成尊重团队、尊重合作的社会氛围与学术风气。

高建伟等（2013）认为可以在科研团队中实行全员聘任制管理，即根据岗位需要和目标的完成情况来决定科研人员是否留在本岗位继续工作。这样既可以增加科研人员的紧迫感，也可以提升他们的科研热情和积极性，促进科研成果的积累和创新。郝敬习和陈海民（2014）认为在现行的职称评聘考核制度中，许多高校只认可科研成果的"第一作者"身份，较少考虑其他作者。这极大挫伤了团队其他成员的积极性，违背了团队建设平等参与、协商合作的精神。因此，评聘考核制度应当兼顾所有科研人员的贡献，适当增加团队奖励的比例。此外，针对高校的学术团队，许春刚（2010）认为，高校应该健全科研制度，提高科研人员的工资待遇，从而调动整个学术团队的积极性。高建伟等（2013）认为，对于科技创新团队，应该采取物质与精神结合的激励机制。经济基础决定上层建筑，对于团队成员来说，建立积极的薪酬制度和奖惩制度是决定成员积极创造的基础，主要形式有工资、岗位津贴、奖金、科研经费和成果奖励等。同时，科研人员属于高素质的知识分子，他们有着很高的精神追求，因此，还应根据团队成员的科研成果，给予不同级别的精神激励，如奖状证书、人才称谓、岗位级别等，从而鼓励他们去追求和探索科学研究的真谛。张伟超等（2006）也认为应当以团队工作中的技能为指向，实行多方式激励，比如货币激励与非货币激励相结合。另外，在薪酬激励方面，郝敬习（2009）、张欣（2015）都认为，团队成员的薪酬激励要根据团队整体绩效和成员个人绩效进行设计，采取一种全面绩效评估方法，并且团队绩效占较大比重。

二、强化工作本身的激励作用

要让团队精神成为受人尊敬的精神、要让科技工作成为受人尊敬的职业，这应当是当前乃至今后一个时期的社会共识。作为一个科技团队，必须要对每个成员的才能与专长有全面、精准、深入的了解，这就需要团队有自我分析的意识和自我提高的主动。在这项工作中，团队领导者的作用是显著的，其需要有协调各方价值的能力、统筹各项事务的能力和发挥成员才能的能力。团队领导者应当强化工作对每个成员的激励作用，譬如阶段性地提出表扬，目标倒排式地进行考核，在每一个攻关节点上对团队成员的努力做出客观评价和正确弘扬。通过塑造典型人物和模范意识，引导团队成员互相积极影响，并充分尊重每个成员的创造性和劳动成果，借此激发每个成员的潜能。

郝敬习（2009）提出，团队应当充分了解成员的才能与专长，并在此基础上，优化整个团队的科技创新工作模式，增强团队工作的整体性和完整性，扩大技能运用的多样性，提高成员工作自主性，从而使每个成员都可以从事自己感兴趣的工作，并在工作中展现才能，激发潜力。

三、建立公平与差异相统一的激励机制

公平是创新型团队存在的价值基础，在公平问题上达成共识的程度越高，那团队就会越有创造力和凝聚力，但绝对的平均主义又会打消团

队成员的积极性和能动性。首先应当注重团队公平，精神激励与物质激励都应该尊重团队每一个成员。但是团队成员的成果是不均等的，应当针对团队成员的成果，在取得大多数人同意的基础上，建立一个合理的分配机制，重点激励那些付出最多、成果最显著的人。这是一个动态的、微妙的过程，应当从实际出发，具体问题给出具体的分配办法。在此过程中，同样需要团队领导人起到公平持正的积极作用，引领团队实现科学的利益分配。

高建伟等（2013）认为，在对于成员的激励中必须体现公平，以确保成员的心态平衡。在公平的基础上，根据团队成员的贡献进行差异化奖励。为了提高科技创新团队的激励水平，应当从团队和个人两个方面建立激励机制。在团队激励方面，高健伟（2013）提出应当建立积极的学术氛围激励机制。营造一个良好的学术氛围，搭建良好的学术发展平台，这对于激励科技创新团队成员的积极性、创造性和主动性是非常必要的。张伟超等（2006）提出营造团队创新文化氛围可以推动科技团队的创新进程。创新文化是创新团队赖以生存和发展的重要文化环境。在团队成员的激励方面，许春刚（2010）认为激励方式需要不断适应个体的需要，团队需要根据成员的实际需要设计差别化的激励方式，最大限度地提升团队成员的积极性，从而促进学术团队的发展。张欣（2015）指出，团队还需要进行个人成长激励，通过学术交流和培训，授权给突出的成员以及安排成员轮岗等方式，引导成员的成长和进步，培养更多的创新人才。

本 章 小 结

激励是指组织通过设计适当的外部奖酬形式和工作环境，以一定的行为规范和惩罚性措施，借助信息沟通来激发、引导、保持和归化组织成员的行为，以有效地实现组织及其成员个人目标的系统性活动。科研创新团队激励就是在科研创新团队中运用激励，调动创新科技人才的积极性，推动科研创新团队发展。当前，我国科研创新团队激励存在职称评审和科研制度不够完善、物质激励与精神激励不能有效地结合起来、对科技人员工作本身的激励单一、没有建立公平与差异相统一的激励机制、没有很好地将团队激励与个人激励相统一等问题。解决这些问题，我们需要从完善现有的科研激励制度、强化工作本身的激励作用、建立公平与差异相统一的激励机制等方面进行改进。

参 考 文 献

[1] Albert, R. S. (1980). Family positions and the attainment of eminence: A study of special family positions and special family experiences. *Gifted Child Quarterly*, 24 (2): 87 – 95.

[2] ANDERSON, D., NILSTAD, D. (2004). The re-utilization of innovation research: a constructively critical review of the state-of-the-science. *Journal of Organizational Behavior*, 25 (2): 147 – 173.

[3] Bloom, B. S. (1976). *Human characteristics and school learning*. New York: McGraw – Hill.

[4] Bloom, B. S., Sosniak, L. A. (1981). Talent development. *Educational Leadership*, 39 (2): 86 – 94.

[5] BOYATZIS, A. R. (1982). *The competent manager: A model for effective performance*. New York: John Wiley.

[6] Bruner, J. S. (1962). *The conditions of creativity*. In Contemporary Approaches to Creative Thinking, 1958, University of Colorado, CO, US; This paper was presented at the aforementioned symposium. Atherton Press.

[7] Carson, J. B., Tesluk, P. E., Marrone, J. A. (2007). Shared leadership in teams: An investigation of antecedent conditions and performance. *Academy of Management Journal*, 50 (5): 1217 – 1234.

[8] Casimer DeCusatis. (2008). Creating, Growing and Sustaining Ef-

ficient Innovation Teams. *Creativity and Innovation Management*, 17 (2): 155 – 164.

［9］Chase, I. D. (1997). Vacancy Chains. *Annual Review of Sociology*, (17): 133 – 154.

［10］Christopher Burns. (1994). Innovative team building: Synergistic human resource development. *Administration and Policy in Mental Health*, 22 (1): 39 – 48.

［11］Costas, R., Van Leeuwen, T. N., Bordons, M. (2010). A bibliometric classificatory approach for the study and assessment of research performance at the individual level: The effects of age on productivity and impact. *Journal of the American Society for Information Science and Technology*, 61 (8): 1564 – 1581.

［12］Deci, E. L., Nezlek, J., & Sheinman, L. (1981). Characteristics of the rewarder and intrinsic motivation of the rewardee. *Journal of personality and social psychology*, 40 (1): 1.

［13］Drews, E. M. (1961). *A critical evaluation of approaches to the identification of gifted students*. Measurement and evaluation in today's schools. Washington, DC: American Council on Education, 47 – 51.

［14］Ensley, M. D., Hmieleski, K. M., Pearce, C. L. (2006). The importance of vertical and shared leadership within new venture top management teams: Implications for the performance of start-ups. *Leadership Quarterly*, 17 (3): 217 – 231.

［15］Evans, T. D. (1979). Creativity, sex-role socialisation and pupil-teacher interactions in early schooling. *The Sociological Review*, 27 (1): 139 – 155.

［16］Fleishman, E., Mumford, M., Zaccaro, K. Y., et al. (1991).

Taxonomic efforts in the description of leader behavior: A synthesis and functional interpretation. *Leadership Quarterly*, 2 (4): 245 – 287.

[17] Getzels, J. W., Jackson, P. W. (1962). Creativity and intelligence: Explorations with gifted students. *American Journal of Psychology*, 77 (1): 153.

[18] Grant, T. N., & Domino, G. (1976). Masculinity-femininity in fathers of creative male adolescents. *The Journal of genetic psychology*, 129 (1): 19 – 27.

[19] Guihua Ma. *Study on Cultivation Mode of Independent Innovative Talents*. Intelligent Information Technology Application Association. Education Management, Education Theory and Education Application (EET 2011 AISC 109). Intelligent Information Technology Application Association: , 2011: 4.

[20] Haddon, F. A., Lytton, H. (1968). Teaching approach and the development of divergent thinking abilities in primary schools. *British Journal of Educational Psychology*, 38 (2): 171 – 180.

[21] Hertzog, N. B. (2017). Designing the Learning Context in School for Talent Development. *Gifted Child Quarterly*, 61 (3): 219 – 228.

[22] Horwitz, R. A. (1979). Psychological effects of the "open classroom". *Review of Educational Research*, 49 (1): 71 – 85.

[23] Jia YAO. *Influence Research of Science and Technology Innovation Team Building on the Innovation of Engineering Graduation Design*. International Research Association of Information and Computer Science. Proceedings of 2015 International Conference on Social Science, Education Management and Sports Education (SSEMSE 2015). International Research Association of Information and Computer Science, 2015: 4.

[24] Klein, K. J., Ziegert, J. C., Knight, A. P., etal. (2006).

Dynamic delegation: Shared, hierarchical, and deindividualized leadership in extreme action teams. *Administrative Science Quarterly*, 51 (4): 590 – 621.

［25］KUMAR, S. (2002). Innovative Capability and Performance of Chinese Firm. *Journal of Development Studies*, (2): 23 – 24.

［26］MacKinnon, D. W. (1962). The nature and nurture of creative talent. *American psychologist*, 17 (7): 484.

［27］Magnusson, D. (1981). *Toward a psychology of situations: an interactional perspective*. London: Lawrence Erlbaum Associates.

［28］Marjoribanks, K. (1978). The stratification of socialization processes: A further analysis. *Educational Studies*, 4 (2): 105 – 110.

［29］Mark, D. Baldwin, Joseph, F. Keating. (1998). Innovative Team Building Practices for Professionals: Developing Inter – Group Skills to Enhance Effective Performance. *Innovative Higher Education*, 22 (4): 291 – 309.

［30］MARYLENE G. E., DECI, L. (2005). Self-determination theory and work motivation. *Journal of organizational Behavior*, 26 (4): 331 – 362.

［31］McIntyre, M. G. (1999). Five ways to turn your management team into a leadership team. *Journal for Quality and Participation*, 22 (4): 40 – 44.

［32］Mehra, A., Smith, B., Dixon, A., et al. (2006). Distributed leadership in teams: The network of leadership perceptions and team performance. *Leadership Quarterly*, 17 (3): 232 – 245.

［33］Miller, B. C., & Gerard, D. (1979). Family influences on the development of creativity in children: An integrative review. *Family Coordi-*

nator, 28 (3): 295 - 312.

[34] Morgan, F. P. (2005). The external leadership of self-managing teams: Intervening in the context of novel and disruptive events. *Journal of Applied Psychology*, 90 (3): 497 - 508.

[35] Mumford, M., Zaccaro, S., Harding, F., etal. (2000). Leadership skills for a changing world: Solving complex social problems. *Leadership Quarterly*, 11 (1): 11 - 35.

[36] National Science Foundation (2010). *Preparing the next generation of stem innovators: Identifying and developing our nation's human capital*. US: National Science Foundation.

[37] Oldham, G. (2003). Stimulating and supporting creativity in organizaitons. In Jackson, Hitt, & DeNisi (Eds.) *Managing Knowledge for Sustained Competitive Advantage*. San Francisco, CA: jossey - Bass: 243 - 273.

[38] Pearce, C. L. (2004). The future of leadership: Combining vertical and shared leadership to transform knowledge work. *Academy of Management Executive*, 18 (1): 47 - 57.

[39] Pearce, C. L., Manz, C. C., Jr Sims H. (2009). Where do we go from here: Is shared leadership the key to team success. *Organizational Dynamics*, 38 (3): 234 - 238.

[40] Reynolds, A. J., Walberg, H. J. (1992). A process model of mathematics achievement and attitude. *Journal for Research in Mathematics Education*, 23 (4): 306 - 328.

[41] Ritchotte, J. A., Matthews, M. S., & Flowers, C. P. (2014). The validity of the achievement-orientation model for gifted middle school students: An exploratory study. *Gifted Child Quarterly*, 58 (3): 183 - 198.

[42] Roe, A. A. (1952). Psychologist exsamines sixty-four eminent scientists. *Scientific American*, 187 (5): 21 –25.

[43] Rosenbaum, J. E. (1990). *Structural models of organizational careers: A critical review and new directions*. London: Cambridge University Press.

[44] Rosenthal, R., Baratz, S. S., & Hall, C. M. (1974). Teacher behavior, teacher expectations, and gains in pupils' rated creativity. *The Journal of genetic psychology*, 124 (1): 115 –121.

[45] Rubenstein, L. D., Siegle, D., Reis, S. M., Mccoach, D. B., & Burton, M. G. (2012). A complex quest: The development and research of underachievement interventions for gifted students. *Psychology in the Schools*, 49 (7): 678 –694.

[46] SPENCER, L. M., SPENCER, S. M. (1993). *Competence at Work: Models for Superior Performance*. New York: John Wiley & Sons.

[47] Stott, A., & Hobden, P. A. (2016). Effective learning: A case study of the learning strategies used by a gifted high achiever in learning science. *Gifted Child Quarterly*, 60 (1): 63 –74.

[48] Tannenbaumwrited, A. (1983). *Gifted Children: Psychological and Educational, Perspectives*. England: Macmillan Publishing Co. Inc.

[49] Thomas, N. G., & Berk, L. E. (1981). Effects of school environments on the development of young children's creativity. *Child Development*, 52 (4): 1153 –1162.

[50] Torrance, E. P. (1967). *Understanding the fourth grade slump in creative thinking*. Twin Cities, MN: University of Minnesota.

[51] Torrance, E. P. (1968). A longitudinal examination of the fourth grade slump in creativity. *Gifted Child Quarterly*, 12 (4): 195 –199.

[52] Treffinger, D. J., Isaksen, S. G. (2005). Creative problem solving: The history, development, and implications for gifted education and talent development. *Gifted Child Quarterly*, 49 (4): 342-353.

[53] Walberg, H. J. (1984). Families as partners in educational productivity. *Phi delta kappan*, 65 (6): 397-400.

[54] Walberg, H. J. (1984). Improving the productivity of America's schools. *Educational leadership*, 41 (8): 19-27.

[55] Walberg, H. J. (1986). Synthesis of research on teaching. *Handbook of research on teaching*, 3: 214-229.

[56] Wilson, D. K., Mueser, R., Raelin, J. A. (1994). New look at performance appraisal for scientists and engineers. *Research - Technology Management*, 37 (4): 51-55.

[57] Wu, W. T., & Chen, J. D. (2001). A follow-up study of Taiwan physics and chemistry Olympians: The role of environmental influences in talent development. *Gifted and Talented International*, 16 (1): 16-26.

[58] Zaccaro, S. J., Rittman, A. L., Marks, M. A. (2001). Team leadership. *Leadership Quarterly*, 12 (4): 451-483.

[59] Zhu, X., Du, Z. (2014). Analysis the Western Colleges and Universities of Science and Technology Innovation Team Building Under the Shared Leadership Theory Horizon. *Springer Berlin Heidelberg*. 717-724.

[60] [美] 丹·塞诺, [以] 索尔·辛格著. 王跃红, 韩君宜译. 创业的国度——以色列经济奇迹的启示. 中信出版社, 2010.

[61] 爱因斯坦著, 许良英等编译. 爱因斯坦文集(第一卷). 北京: 商务印书馆, 2009.

[62] 白雪. 科技创新型高端人才培养模式探究. 产业与科技论坛, 2012 (11): 143-144.

[63] 鲍志伦, 王晓. 河北省对其他国家和省份科技创新人才开发的经验借鉴研究. 商场现代化, 2011 (3): 120-121.

[64] 陈春花, 杨映珊. 科研团队领导的行为基础、行为模式及行为过程研究. 软科学, 2002, 4 (16): 10-13.

[65] 陈红. 知识型员工的职业发展. 企业管理, 2008 (11): 86-88.

[66] 陈丽芬. 职业生涯不同阶段的人力资源开发策略分析. 科学管理研究, 2001, 19 (5): 20-22.

[67] 陈强, 唐斌. 国内 IT 业研发人员职业发展通道设置探析. 商场现代化, 2006 (1): 235-236.

[68] 陈睿. 科研团队异质性对创新绩效的影响研究. 成都: 井润田, 2013.

[69] 陈士俊. 科技创新人才的心理素质及其培养. 天津大学学报 (社会科学版), 2012 (3): 71-76.

[70] 陈淑妮, 卢定宝, 陈贵壹. 不同领导行为对组织创新的影响: 沟通满意度和心理授权的中介效应. 科技管理研究, 2012 (18): 135-140.

[71] 陈云娟. 知识型员工激励模式新探. 经济与管理研究, 2004 (3): 67-69.

[72] 陈忠卫. 团队管理理论评述. 经济学动态, 1999 (8): 64-67.

[73] 程郁, 王胜光. 科技创新人才的激励机制及其政策完善. 中国科学院院刊, 2010 (6): 602-611.

[74] 崔颖. 基于层次分析法的河南科技创新人才创新能力评价研究. 科技进步与对策, 2012 (3): 112-116.

[75] 单国旗. 创新科技人才资源开发战略的国内外比较研究. 特区

经济，2009（1）：136-138.

[76] 单晓岩. 科技创新型高端人才培养机制及对策探索. 产业与科技论坛，2014（14）：89.

[77] 董变林，刘永焕. 立体多维科技创新人才培养模式. 计算机教育，2012（11）：2.

[78] 董超，李正风. 科技人才评价中的发展性理念——剑桥大学的案例及启示. 科研管理，2013（12）：25-30.

[79] 范秀兰. 如何加速科技创新人才培养？科学新闻周刊，2001（45）：9.

[80] 范赟，刘俊. 中日韩科研人员创新能力与创新绩效评价比较研究. 科学管理研究，2015（6）：117-120.

[81] 范赟，刘俊. 中日韩科研人员创新能力与创新绩效评价比较研究. 科学管理研究，2015（6）：117-120.

[82] 封铁英. 科技人才评价现状与评价方法的选择和创新. 科研管理，2007（z1）：30-34.

[83] 封铁英. 科技人才评价现状与评价方法的选择和创新. 科研管理，2007，28（增刊）：30-34.

[84] 高继平，潘云涛，武夷山. 零被引论文的形成因素分析. 科技导报，2015（33）：112-119.

[85] 高建伟，牛振喜，王少华，李飞. 大学国防科技创新组织模式及其激励机制研究. 科技管理研究，2013，33（7）：92-95.

[86] 郭玮，李燕萍，杜旌，陶厚永. 多层次导向的真实型领导对员工与团队创新的影响机制研究. 组织行为，2012，15（3）：51-60.

[87] 郭兆红. "科技创新人才的培养与奖励"学术论坛综述. 南京林业大学学报（人文社会科学版），2011（12）：118-119.

[88] 韩杨, 罗瑾琏, 钟竞. 研究型大学创新团队领导问题探析. 管理科学, 2016, 29 (1): 70-85.

[89] 郝敬习, 陈海民. 试析我国高校科技创新团队激励政策. 云南大学学报 (社会科学版), 2013, 12 (5): 107-112.

[90] 郝敬习. 高校科技创新团队组织激励机制研究. 中国劳动关系学院学报, 2009, 23 (5): 99-102.

[91] 贺德方. 基于知识网络的科技人才动态评价模式研究. 中国软科学, 2005 (6): 47-53.

[92] 侯光明, 晋琳琳. 双元领导对团队创新绩效影响研究——基于惯例视角. 科技进步与对策, 2005 (10): 178-180.

[93] 胡琛. 创新型企业的创新团队建设研究. 合肥工业大学, 2010.

[94] 胡军. 科技创新人才多元化培养路径的战略研究. 科技与创新, 2017 (14): 68-69.

[95] 胡军. 科技创新人才多元化培养路径的战略研究. 科技与创新, 2017 (14): 68-69.

[96] 胡欣育. 论科技创新人才培养的人文教育策略. 理论与实践. 理论月刊, 2007 (7): 78-80.

[97] 黄多能. 高层次创新型人才开发的激励政策研究. 安徽大学, 2014.

[98] 黄帼, 黄佳男, 耿玮. 科技创新团队带头人领导力素质模型研究. 农业科技管理, 2015, 34 (1): 90-96.

[99] 黄凌翔. 自主创新团队发展规律及建设策略. 商业经济研究, 2007 (31): 64-66.

[100] 黄楠森. 创新人才的培养与入学. 现代管理科学, 2000 (1): 5-7.

[101] 黄轶. 创新型人才的基本素质. 中国人才, 2001, 12: 25 - 26.

[102] 黄志广, 刘效梅. 试论创新型人才培养的模式和途径. 教育与现代化, 2007 (4): 10 - 13.

[103] 霍妍, 蒋开东, 徐一萍. 科技创新团队协同创新绩效评价. 中国科技论坛, 2016 (1): 51 - 57.

[104] 姜联合, 袁志宁, 朱建民, 黄鹏, 季慧, 郭红峰. 借"钱学森之问"探讨我国科技创新人才早期培养模式. 科普研究, 2011, 32 (6): 27 - 31.

[105] 卡曾巴赫. 团队的智慧——创建绩优组织. 北京: 经济科学出版社, 1999.

[106] 柯江林, 孙健敏, 石金涛. 变革型领导对 R&D 团队创新绩效的影响机制研究. 南开管理评论, 2009, 6 (12): 19 - 26.

[107] 孔春梅, 王文晶. 科技创新团队的绩效评估体系构建. 科研管理, 2016, 37 (S1): 517 - 522.

[108] 奎燕飞. 云南省高层次科技人才队伍建设及对策研究. 云南大学, 2011.

[109] 李梅芳, 赵永翔. TRIZ 创新思维与方法. 机械工业出版社, 2016.

[110] 李思宏, 罗瑾琏, 张波. 科技人才评价维度及方法进展. 科学管理研究, 2007 (2): 76 - 80.

[111] 李晔, 龙立荣. 工作卷入研究综述. 社会心理研究, 1999 (4): 57 - 63.

[112] 廖志豪. 创新科技人才素质模型构建研究——基于对87名创新科技人才的实证研究. 科技进步与对策, 2010, 27 (17): 149 - 152.

[113] 廖志豪. 创新科技人才素质模型构建研究——基于对87名创新科技人才的实证研究. 科技进步与对策, 2010, 27 (17): 149-152.

[114] 林健. 卓越工程师创新能力的培养. 高等工程教育研究, 2012 (5): 1-17.

[115] 刘慧, 张亮. 高校创新团队的领导力对工作满意度的影响: 团队创新氛围的中介作用. 科技管理研究, 2013 (24): 133-138.

[116] 刘慧. 高校创新团队绩效影响因素及评价研究. 天津: 陈士俊, 2014.

[117] 刘楠. 俄罗斯天才教育政策, 措施及其保障机制. 现代教育论丛, 2016 (6): 83-88.

[118] 刘晓农. 企业科技创新人才内涵及素质特征分析. 生产力研究, 2008 (1): 129-131.

[119] 柳洲, 陈士俊. 我国科技创新团队建设的问题与对策. 科学管理研究, 2006 (2): 92-95.

[120] 柳洲, 陈士俊. 我国科技创新团队建设的问题与对策. 科学管理研究, 2006, 2 (24): 92-95.

[121] 龙晓云, 樊维夏, 霍月红. 国际化背景下科技创新人才培养研究. 人才资源开发, 2015 (4): 25.

[122] 罗辑壮. 科技人才创新素质的构成与培养. 科技与管理, 2003 (4): 117.

[123] 马力. 职业发展研究——构筑个人和组织双赢模式. 厦门大学, 2004.

[124] 彭干三. 产学研融合视角下科技创新人才的培育. 中国高校科技, 2017 (8): 55-56.

[125] 阮爱君. IT企业技术人才职业生涯发展体系的研究. 科技管

理研究, 2003, 23 (1): 53-55.

[126] 沈建新. 高等院校科技创新团队建设研究. 南京航空航天大学学报: 社会科学版, 2004, 6 (4): 78-81.

[127] 盛楠, 孟凡祥, 姜滨. 创新驱动战略下科技人才评价体系建设研究. 科研管理, 2016 (37): 602-606.

[128] 施建农. 我国超常儿童研究的进展及其问题. 心理学报, 1998, 30 (3): 298-305.

[129] 施蓉. "现代学徒制" 推动科技创新人才教育模式研究. 轻工科技, 2016 (12): 172-174.

[130] 宋雨珂. 科技创新人才的激励机制创新探究. 经营管理者, 2017 (4): 165.

[131] 苏思毛, 陈文龙. 素质教育与科技创新人才的培养. 山西科技, 1999 (3): 12-13.

[132] 孙远芳, 冯会. 石油石化青年科技人才创新能力提升培训实践. 石油化工管理干部学院学报, 2014 (6): 29-33.

[133] 谭红军, 唐素琴. 科研与管理人才双重职业发展生涯开发模型设计. 电子政务, 2003 (7): 28-29.

[134] 唐璇. 中美天才教育的比较与启示. 上海师范大学, 硕士学位论文, 2010.

[135] 王冰. 新加坡天才教育计划的特色及其启示. 开封教育学院学报, 2016, 36 (11): 218-219.

[136] 王丹, 鲁刚. 多元化企业科技创新人才培养与激励机制探析. 中国人力资源开发, 2015 (22): 6-13.

[137] 王冬. 领军人物与创新团队——王智彪团队的启示. 重庆: 冯泽永, 2007.

[138] 王广民, 林泽炎. 创新科技人才的典型特质及培育政策建

议——基于84名创新科技人才的实证分析. 科技进步与对策, 2008 (7): 186-190.

[139] 王广民, 林泽炎. 创新科技人才的典型特质及培育政策建议——基于84名创新科技人才的实证分析. 科技进步与对策, 2008, 25 (7): 186-189.

[140] 王海芸, 张钰凤, 王新. 科技奖励视角下的创新团队激励研究. 科研管理, 2017, 38 (S1): 355-364.

[141] 王剑, 蔡学军, 岳颖等. 高层次创新型人才激励政策研究. 第一资源, 2012 (2): 56-57.

[142] 王君华, 彭华涛. TRIZ应用中协同创新意识对员工创新能力的影响. 科技进步与对策, 2015, 32 (9): 146-151.

[143] 王兰芬. 科技创新团队和谐度评价. 昆明理工大学, 2013.

[144] 王立霞等. 国家公派留学对农业科技创新人才培养的促进作用. 农业科技管理, 2016 (8): 81-84.

[145] 王勤明, 尚鑫. 探析军队高层次科技创新人才成长的外在条件. 学理论, 2011 (11): 111-112.

[146] 王胜利. 大型国有企业创新科技人才激励模式探讨. 科学学研究, 2007 (A1): 144-146.

[147] 王思思. 创新科技人才成长的必备素质和环境条件. 科技创业, 2007 (11): 140-141.

[148] 王松梅, 成良斌. 我国科技人才评价中存在的问题及对策研究. 科技与管理, 2005 (6): 129-131.

[149] 王通讯. 科技创新人才特性"锐观察". 中国人才, 2013 (11): 23-25.

[150] 王新新. 科技创新团队的构建与发展策略研究. 科技与经济, 2014, 27 (3): 66-70.

[151] 吴国存. 企业职业管理与雇员发展. 北京: 经济管理出版社, 1999.

[152] 肖小溪, 周建中. 国立科研机构科研人员评价的模式研究. 科学学与科学技术管理, 2009 (30): 20-24.

[153] 谢晔, 霍国庆, 刘丽虹, 张晓东, 牛玉颖. 团队领导研究的回顾与展望. 科学学宇科学技术管理, 2011, 32 (7): 165-174.

[154] 谢晔, 霍国庆. 科研团队领导力结构研究. 科研管理, 2014, 35 (4): 130-137.

[155] 徐辉, 严利, 杨锐, 景园园. 我国省级地方科技人才计划在创新探索中彰显成效. 中国科技人才, 2017 (8) http://www.italents.cn/journal/460.html.

[156] 徐亚楠. 内蒙古稀土产业高端科技人才的培养措施. 人力资源管理, 2014 (9): 143-145.

[157] 徐兆勇. 基于层次分析法的科研人员绩效评价模型研究. 科研管理, 2009 (3): 115-119.

[158] 许春刚. 浅论学术团队激励机制的创新. 中国轻工教育, 2010 (6): 56-58.

[159] 许小东. R&D团队建设与管理的思考. 科学管理研究, 2001, 19 (2): 76-81.

[160] 薛继东, 李海. 团队文化和领导方式对团队创新的影响及其机制. 北京师范大学学报 (社会科学版), 2012 (230): 102-113.

[161] 闫永. 团队管理理论对科研团队建设的启示. 管理研究, 2006 (12): 163.

[162] 杨健, 蓝海林. 心理资本理论及其研究新进展. 科技管理研究, 2010 (2): 132.

[163] 杨静, 孙启明. 基于胜任特征的多重职业生涯路径体系. 中

国人力资源开发, 2006 (4): 63-66.

[164] 杨艳东. 论高校科技人才的职业生涯规划. 技术与创新管理, 2004, 25 (2): 60-62.

[165] 杨迎, 彭晓虹. 如何加强高校科研创新团队的建设. 时代教育, 2015 (15): 254.

[166] 杨宗仁, 巨有谦, 李盈洲. 创新理论的嬗变和我国科技创新团队建设. 甘肃社会科学, 2009 (3): 239-242.

[167] 叶李, 田兴国, 吕建秋, 黄俊彦, 程雄, 蒋艳萍, 孙雄松. 高校科技创新团队建设状况、存在问题与改革取向——基于全国61所高校的实证调查. 科技管理研究, 2017 (16): 124-129.

[168] 余倩. 高新科技企业中毕业研究生职业发展现状研究. 华中师范大学, 2009.

[169] 袁军鹏, 李普, 潘云涛, 翟俊峰, 魏瑞斌. 科技创新团队识别标准研究现状分析. 中国科技论坛, 2013 (2): 128-133.

[170] 张慈, 赵荣荣, 董欣雨. 唐山市科技创新型人才培养战略. 价值工程, 2014 (15): 273-274.

[171] 张宏如. 中国式EAP激励: 一个理论框架的实施路径. 科学管理研究, 2009 (1): 96-102.

[172] 张景斌. 拔尖创新人才早期培养机制研究——以北京市为例. 教育科学研究, 2014 (6): 43-48.

[173] 张敬文. 关于进一步加强企业工程科技人才培养的思考. 中国人才, 2011 (9): 71-73.

[174] 张蕾, 许庆瑞. 知识员工的职业发展理论及其新进展. 中国地质大学学报 (社会科学版), 2003, 3 (1): 13-16.

[175] 张萌, 高鹏. 青年科技人才激励问题研究——以中国科学院的实践为例. 华东经济管理, 2009, 23 (12): 134-141.

[176] 张维和. 优化创新团队成长环境的对策. 中国高校科技, 2011 (8): 20-21.

[177] 张伟超, 杨艳军. 团队激励: 国防科技创新的重要动力源. 国防科技, 2006 (11): 78-82.

[178] 张相林. 科技人才创新行为评价体系设计研究. 中国行政管理, 2010 (7): 107-110.

[179] 张相林. 科技人才创新行为评价体系设计研究. 中国行政管理, 2010 (7): 107-111.

[180] 张欣, 张昕. 省属高校科技创新团队激励机制的构建. 产业与科技论坛, 2015, 14 (12): 236-237.

[181] 张再生. 职业生涯开发与管理. 天津: 南开大学出版社, 2003 (6): 41.

[182] 章凯. 促进员工创新的组织环境因素与动力机制. 辅仁大学、中国人民大学联合研讨会暨经营成长、金融改革与创新学术研讨会论文集. 台湾, 2007.

[183] 赵峰, 刘丽香, 连悦. 综合激励模型视阈下创新人才激励机制研究. 科学管理研究, 2013 (6): 98-101.

[184] 赵敏. 我国科技创新存在的问题及对策建议. 山东青年政治学院学报, 2015 (1): 114-118.

[185] 赵伟, 包献华, 屈宝强. 创新科技人才分类评价指标体系构建. 科技进步与对策, 2013 (16): 113-117.

[186] 赵伟, 林芬芬, 彭洁等. 创新科技人才评价理论模型的构建. 科技管理研究, 2012 (24): 131-135.

[187] 赵新军, 李晓青, 钟莹. 创新思维与技法. 中国科学技术出版社, 2014.

[188] 郑睛, 安建增. 从诺贝尔奖获得者看高层次科技创新人才素

质的构成. 技术与创新管理, 2005 (4): 24.

[189] 郑文范, 刘晓宇. 我国 R&D 经费投入现状及"十二五"期间投入目标探析. 科技进步与对策, 2010 (21): 27-32.

[190] 中华人民共和国科学技术部."十三五"国家科技人才发展规划. 2017-4-19.

[191] 周常玉. 江西省科技创新团队建设研究. 华东交通大学, 2009.

[192] 周菲菲, 孙妍. 以色列天才儿童的选拔、教育及启示. 学理论, 2016 (7): 169-170.

[193] 周苏. 创新思维与科技创新. 机械工业出版社, 2016.

[194] 朱芳东. 浅谈员工职业发展通道建设. 科技资讯, 2014, 12 (18): 149-150.

[195] 朱学红, 胡艳, 黄健柏, 杨涛. 科技创新团队心理契约的违背与重建. 预测, 2007 (6): 14-21.

[196] 朱泽, 徐金发. R&D 中的知识管理. 科学管理研究, 2000, 18 (1): 41-43.

[197] 朱郑州, 苏渭珍, 王亚沙. 我国科技人才评价的问题研究. 科技管理研究, 2011 (15): 132-135.

[198] 庄逢辰. 弘扬钱学森科学思想, 培育创新科技人才. 装备指挥技术学院学报, 2012 (2): 1-5.

[199] 卓玲, 陈晶瑛. 创新型人才激励机制研究. 中国人力资源开发, 2011 (5): 99-102.

后　记

　　有一句话我很喜欢："任何人都比自己想象的要有能力很多"。人类的大脑是不断演进的器官，你会发现，当你越来越多地理解事物的本质时，你就越来越明白事情发展演变的规律。创新是为了了解更多的事物本质，从而发现更多的发展规律，并把这些规律应用到生产和生活中。"创新人才"本身就是一个需要探究的群体，随着我们对这个群体了解更多，我们也会总结出更多激励和开发创新人才的方法。与此同时，每个人身上其实都有创新潜质，这种潜质需要某种加工才能变成真正的创新能力，并发生作用。本书就是依据以上逻辑所构成的。

　　遗憾的是，由于可以利用的材料有限，或者是对现有材料的理解有限，本书的内容只是相当于搭建了一个创新科技人才管理与开发的框架，思路仍然比较粗浅，写作也比较匆忙。希望读到这本书的同仁和朋友能提出宝贵意见，以便我们对书的内容不断进行完善。

　　感谢对"创新科技人才"话题感兴趣的研究者和实践者。无论此书对您是否有启发，"创新科技人才的管理与开发"都是影响国家社会发展、组织追求卓越、以及领导者走向成功的最重要的因素，值得我们不断去探索。感谢为本书的出版做出贡献的出版社编辑们，感谢已经为我出了两本书的好友殷亚红编审所做的一切努力。

　　是为记。

刘　颖

2018 年 9 月底于中国人民大学